福建省 VR/AR 行业职业教育指导委员会推荐
中国·福建 VR 产业基地产教融合系列教材

ZBrush 数字雕刻：角色实战教程

主编　李榕玲　李燕城　林秋萍

北京理工大学出版社
BEIJING INSTITUTE OF TECHNOLOGY PRESS

版权专有　侵权必究

图书在版编目（CIP）数据

ZBrush数字雕刻：角色实战教程/李榕玲，李燕城，林秋萍主编．—北京：北京理工大学出版社，2021.2（2023.8重印）

ISBN 978－7－5682－9020－3

Ⅰ.①Z…　Ⅱ.①李…②李…③林…　Ⅲ.①三维动画软件－教材　Ⅳ.①TP391.414

中国版本图书馆CIP数据核字（2020）第170823号

出版发行／北京理工大学出版社有限责任公司
社　　址／北京市海淀区中关村南大街5号
邮　　编／100081
电　　话／（010）68914775（总编室）
（010）82562903（教材售后服务热线）
（010）68948351（其他图书服务热线）
网　　址／http：//www. bitpress. com. cn
经　　销／全国各地新华书店
印　　刷／雅迪云印（天津）科技有限公司
开　　本／889毫米×1194毫米　1/16
印　　张／6
字　　数／185千字
版　　次／2021年2月第1版　2023年8月第5次印刷
定　　价／45.00元

责任编辑／王玲玲
文案编辑／王玲玲
责任校对／刘亚男
责任印制／施胜娟

图书出现印装质量问题，请拨打售后服务热线，本社负责调换

福建省 VR/AR 行业职业教育指导委员会

主　　任： 俞　飚　网龙网络公司高级副总裁、福州软件职业技术学院董事长

副 主 任： 俞发仁　福州软件职业技术学院常务副院长

秘 书 长： 王秋宏　福州软件职业技术学院副院长

副秘书长： 陈媛清　福州软件职业技术学院鉴定站副站长

林财华　网龙普天教育副总经理

欧阳周舟　网龙普天教育运营总监

委　　员：（排名不分先后）

胡红玲　福建第二轻工业学校

张文峰　北京理工大学出版社

刘善清　北京理工大学出版社

倪　红　福建船政交通职业学院

陈常晖　福建船政交通职业学院

许　芹　福建第二轻工业学校

刘天星　福建工贸学校

胡晓云　福建工业学校

黄　河　福建工业学校

陈晓峰　福建经济学校

戴健斌　福建经济学校

吴国立　福建理工学校

李肇峰　福建林业职业学院

蔡尊煌　福建林业职业学院

杨自绍　福建林业职业学院

刘必健　福建农业职业技术学院

鲍永芳　福建省动漫游戏行业协会秘书长

刘贵德　福建省晋江职业中专学校

沈庆焉　福建省罗源县高级职业中学

杨俊明　福建省莆田职业技术学校

陈智敏　福建省莆田职业技术学校

杨萍萍　福建省软件行业协会秘书长

张平优　福建省三明职业中专学校

朱旭彤　福建省三明职业中专学校

蔡　毅　福建省网龙普天教育科技有限公司

陈　健　福建省网龙普天教育科技有限公司

郑志勇　福建水利电力职业技术学院

李　锦　福建铁路机电学校

刘向晖　福建信息职业技术学院

林道贵　福建信息职业技术学院

刘建炜　福建幼儿师范高等专科学校

李　芳　福州机电工程职业技术学校

杨　松　福州旅游职业中专学校

胡长生　福州软件职业技术学院

陈垚鑫　福州软件职业技术学院

方张龙　福州商贸职业中专学校

蔡洪亮　福州商贸职业中专学校

林文强　福州商贸职业中专学校

郑元芳　福州商贸职业中专学校

吴梨梨　福州英华职业学院

饶绪黎　福州职业技术学院
江　荔　福州职业技术学院
刘　薇　福州职业技术学院
孙小丹　福州职业技术学院
王　超　集美工业学校
张剑华　集美工业学校
江　涛　建瓯职业中专学校
吴德生　晋江安海职业中专学校
叶子良　晋江华侨职业中专学校
黄炳忠　晋江市晋兴职业中专学校
许　睿　晋江市晋兴职业中专学校
庄碧蓉　黎明职业大学
陈　磊　黎明职业大学
骆方舟　黎明职业大学
张清忠　黎明职业大学
吴云轩　黎明职业大学
范瑜艳　罗源县高级职业中学
谢金达　湄洲湾职业技术学院
李瑞兴　闽江师范高等专科学校
陈淑玲　闽西职业技术学院
胡海锋　闽西职业技术学院
黄斯钦　南安工业学校
陈开宠　南安职业中专学校
鄢勇坚　南平机电职业学校
余　翔　南平市农业学校
苏　锋　宁德职业技术学院
林世平　宁德职业技术学院
蔡建华　莆田华侨职业中专学校
魏美香　泉州纺织服装职业学院
林振忠　泉州工艺美术职业学院
程艳艳　泉州经贸学院
庄刚波　泉州轻工职业学院
李晋源　泉州市泉中职业中专学校
卢照雄　三明市农业学校
练永华　三明医学科技职业学院
曲阜贵　厦门布塔信息技术股份有限公司艺术总监
吴承佳　厦门城市职业学院
黄　臻　厦门城市职业学院
张文胜　厦门工商旅游学校
连元宏　厦门软件学院
黄梅香　厦门信息学校
刘　斯　厦门信息学校
张宝胜　厦门兴才职业技术学院
李敏勇　厦门兴才职业技术学院
黄宜鑫　上杭职业中专学校
黄乘风　神舟数码（中国）有限公司福州分公司总监
曾清强　石狮鹏山工贸学校
杜振乐　石狮鹏山工贸学校
孙玉珍　漳州城市职业学院
蔡少伟　漳州第二职业中专学校
余佩芳　漳州第一职业中专学校
伍乐生　漳州职业技术学院
谢木进　周宁职业中专学校

编　委　会

主　任：俞发仁

副主任：林土水　李榕玲　蔡　毅

委　员：李宏达　刘必健　丁长峰　李瑞兴　练永华
江　荔　刘健炜　吴云轩　林振忠　蔡尊煌
黄　臻　郑东生　李展宗　谢金达　苏　峰
徐　颖　吴建美　陈　健　马晓燕　田明月
陈　榆　曹　纯　黄　炜　李燕城　张师强
叶昕之

Preface

ZBrush数字雕刻：角色实战教程

前 言

本作品为 Substance Painter 2018 的官方收藏案例中
俄罗斯艺术家 Maria Panfilova 的《Dragon and Mouse》

ZBrush 这款软件主要运用在高精度模型的制作上，在影视、动画、游戏甚至建筑等领域都会使用到。ZBrush 软件在影视及游戏领域涉及的尤其多，可以进行角色皮肤纹理细节雕刻、创意生物快速雕刻、场景道具纹理 Alpha 制作等。并且，在软硬件不断升级、大众审美不断提升的趋势下，ZBrush 的应用越来越多。

本书从 ZBrush 软件基础开始讲解，逐步进阶到制作如上图所示的完整的 ZBrush 雕刻作品。基础部分讲解在项目实战中会涉及的几乎全部命令，重点讲解官方呈现在画布表面的常用工具和命令。之后，没有直接进行大作品的制作，而是制作几个小作品，用这样的练习来把基础打牢。然后才进入大作品的制作，以降低在最后产出大作品的过程中犯错的概率。所以请按照本书的顺序依次学习，不要直接进入最后的阶段。

大多数的工具和命令在前几章的铺垫练习中已进行了详细讲解，最后阶段的作品制作，更多地是灌输一种容错率比较高的制作思路和方法，不再详细讲解基础命令。

本教材由网龙网络有限公司和福州软件职业技术学院联合编写，编写过程中参考了许多国内外专家学者的优秀著作及文献，得到了福建省 VR/AR 行业职业教育指导委员会的大力支持，在此一并表示感谢。由于编者水平有限，教材中难免有所不足，欢迎广大读者批评指正！

编　者

Contents

ZBrush数字雕刻：角色实战教程

目 录

第 5 章 大型生物角色雕刻实战——龙

第 6 章 硬表面石头雕刻

第 7 章 氛围塑造及小场景搭建

第 8 章 作品构图输出

第 1 章
初识 ZBrush

本章主要对 VR 模型制作流程做详细讲解，包括原画设计、模型制作、UV 拆分、贴图绘制、烘焙贴图及引擎渲染知识，并对 VR 模型制作所应用的软件进行简单介绍，最后对 VR 引擎模型资源技术每一阶段的规范和要求进行详细讲解。

学习目标

★ 了解 VR 模型的制作过程。
★ 了解 VR 模型制作中各种软件的应用。
★ 熟悉 VR 引擎模型资源制作标准及规范。

ZBrush 是一个数字雕刻和绘画软件，它以强大的功能和直观的工作流程彻底改变了整个三维行业。在一个简洁的界面中，ZBrush 为当代数字艺术家提供了世界上最先进的工具。以实用的思路开发出的功能组合，在激发艺术家创作力的同时，ZBrush 产生了一种用户感受，使用户在操作时会感到非常顺畅。ZBrush 能够雕刻高达 10 亿多边形的模型。

ZBrush 软件是世界上第一个让艺术家感到无约束，可以自由创作的 3D 设计工具！它的出现完全颠覆了过去传统三维设计工具的工作模式，解放了艺术家们的双手和思维，告别了过去那种依靠鼠标和参数来笨拙创作的模式，完全尊重设计师的创作灵感和传统工作习惯。

※ 1. 1　ZBrush 软件介绍

ZBrush 是一个 2. 5 维的软件，但是经常被人称为三维软件。虽然现在 ZBrush 跟很多三维软件比较相像，但是在 ZBrush 刚刚诞生的时候，就是一个极具个性的软件。

把编辑模式关闭，在拖拽模型的时候，会出现很多奇怪的模型，如图 1. 1 所示。

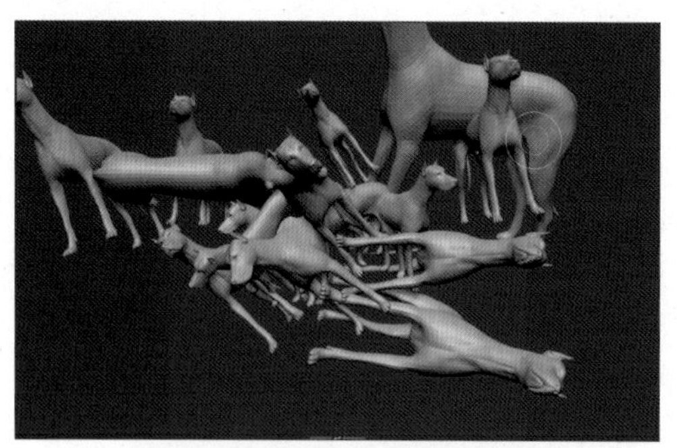

图 1. 1　ZBrush 界面案例参考

打开编辑模式，才能够对模型进行移动或者旋转。这是用无数个图片集成的一个三维模型。如此说来，ZBrush 不是真三维软件，而是 2. 5 维的软件。

ZBrush 的流畅度是非常高的，其他三维软件不能承受的面数，在 ZBrush 里都能运行得很流畅。

按 Ctrl + N 组合键，可以去除多余的画面，如图 1. 2 所示。

图 1. 2　ZBrush 界面案例参考图

ZBrush 这款软件存在很多年，它的功能近乎完善，但仍有很多功能是重叠的，还需要不断地去优化。所以，在学习的过程中，可以抓大放小去学习 ZBrush 的功能。只要学习 ZBrush 的非常好用、有用的功能，然后熟练地掌握。对于其他功能，了解即可。总而言之，ZBrush 的功能已经非常偏向于集中化、扁平化，这样会让使用或者学习都变得更加容易。

软件的界面布局如图 1. 3 所示。

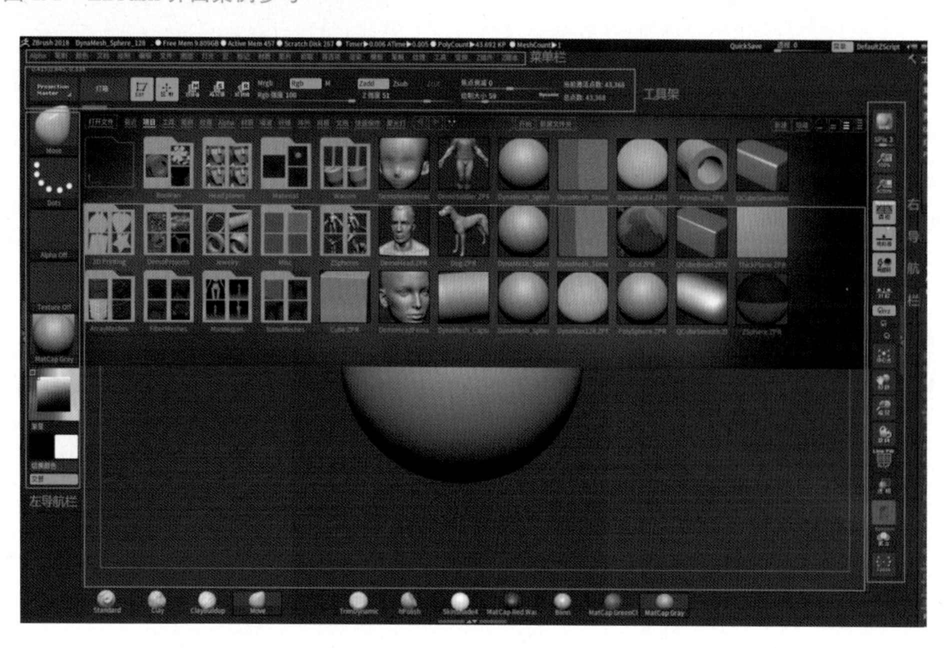

图 1. 3　ZBrush 界面布局介绍

ZBrush 的菜单栏，从 Alpha 到 Z 脚本的排序方式是非常个性的。首先选择“首选项”，把语言切换成“English”模式，如图 1.4 所示。切换完成之后，可以看到 ZBrush 的界面排序是从字母 A 开始，一直排到 Z，就是 26 个英文字母的排序方式。在很早的版本里面，就是这样排序的，一直沿用到现在。单击“首选项”，将语言切换回“中文”。

菜单栏里面有一个“工具”子菜单，如图 1.5 所示，工具菜单很重要，它的使用频率是其他所有菜单加起来总和的几倍。

工具架如图 1.6 所示。工具架中的按钮都是从菜单栏里面选出来的。有一些按钮是经常用的。如果没有这个工具架，而是把这些按钮隐藏在深层菜单里，则会给学习和制作带来很大的麻烦。官方把这些最常用的按钮放到界面，集成到工具架中，是非常人性化的。工具架的按钮有大有小，这种显示方式很有设计感。经常会用到的按钮非常大，用得比较少的就很小。

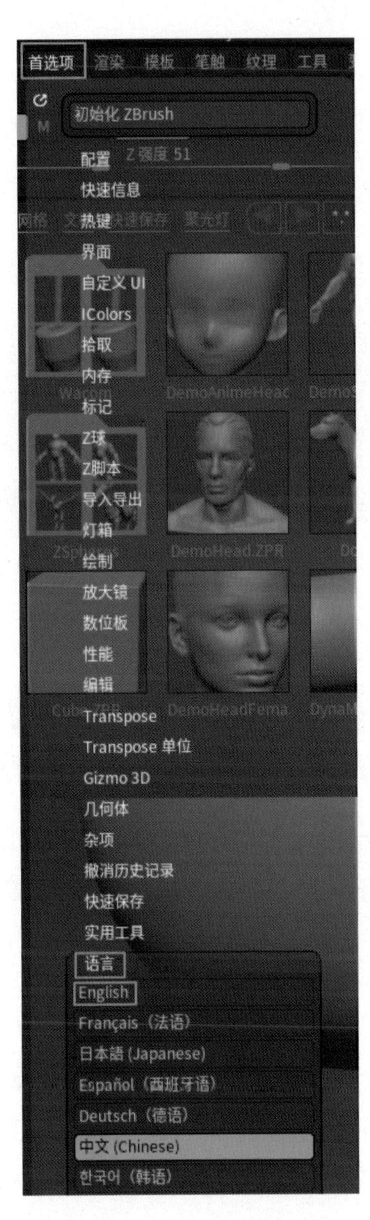

图 1.4 语言功能切换

图 1.5 “工具”菜单栏

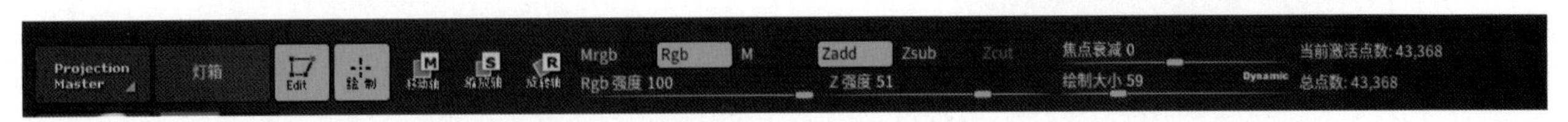

图 1.6 工具架

工具架下方是工作区，如图 1.7 所示，它抛弃了传统软件 4 视图的方式，并且使用起来也非常简单。在雕刻模型时，工作区上方有记录历史。如果想回到某一个步骤，单击该步骤的历史记录即可。

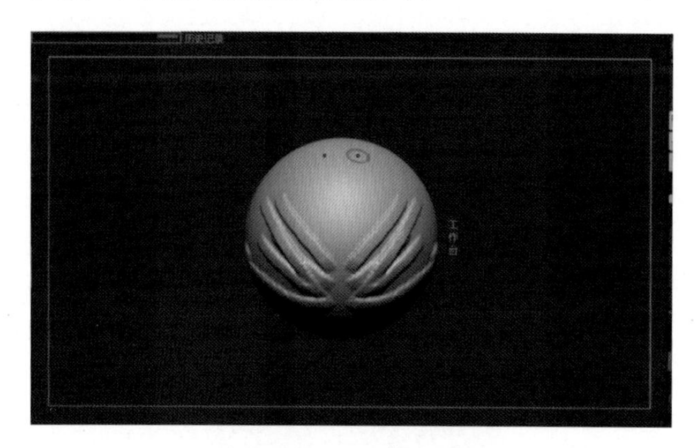

图 1.7　工作区

左导航栏如图 1.8（a）所常用的笔刷、笔触、Alpha 等都放到了这个界面上。

右导航栏如图 1.8（b）所示，经常用到的按钮都放到了这里。

（a）　（b）

图 1.8　左右导航栏

（a）左导航栏；（b）右导航栏

总而言之，这个软件把菜单栏里经常用到的按钮、功能都放到了界面的周围。单击“移动”按钮时，鼠标会变成 ZBrush 的操纵杆，如图 1.9 所示。这个操纵杆里集成很多功能，这一点与其他的三维软件不同，如图 1.10 所示。

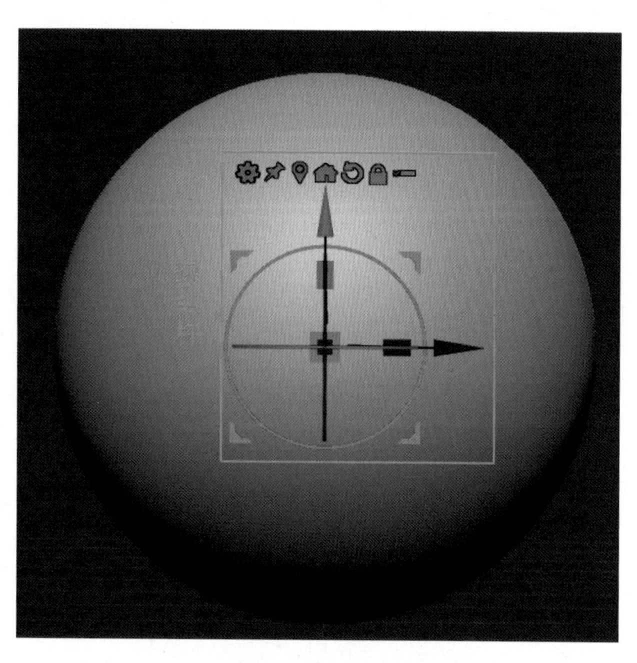

图 1.9　操纵杆

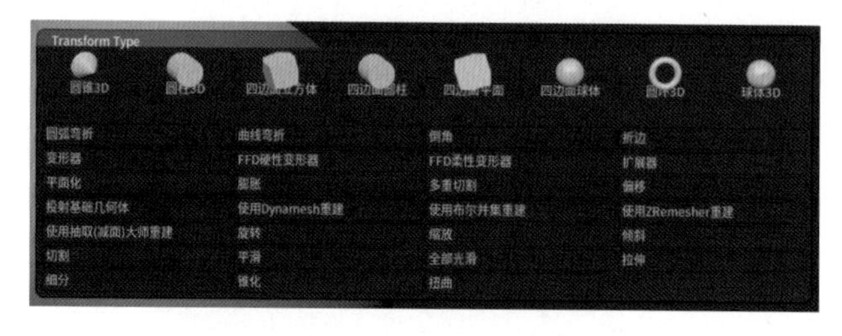

图 1.10　集成工具

※ 1.2　菜单栏、工具架介绍

打开菜单栏，将其中的工具拖到右导航栏，如图 1.11 所示。

ZBrush 最重要的就是笔刷，它是一个虚拟的笔刷库，打开笔刷时，ZBrush 会有各种各样的笔刷，如图 1.12 所示。

选中菜单栏中的笔刷，看到笔刷菜单栏可以对笔刷进行很多参数的修改，如图 1.13 所示。

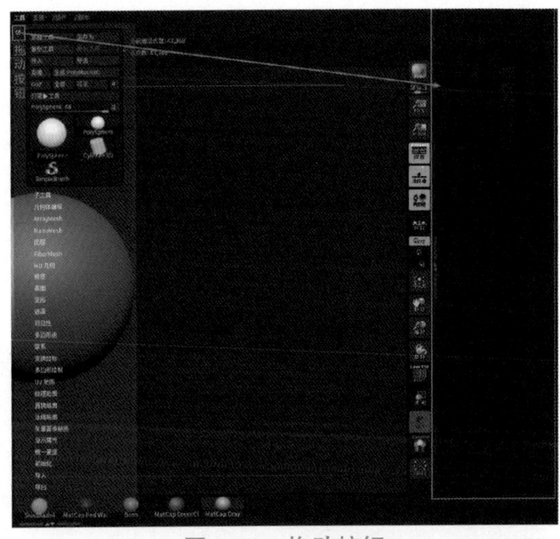

图 1.11 拖动按钮

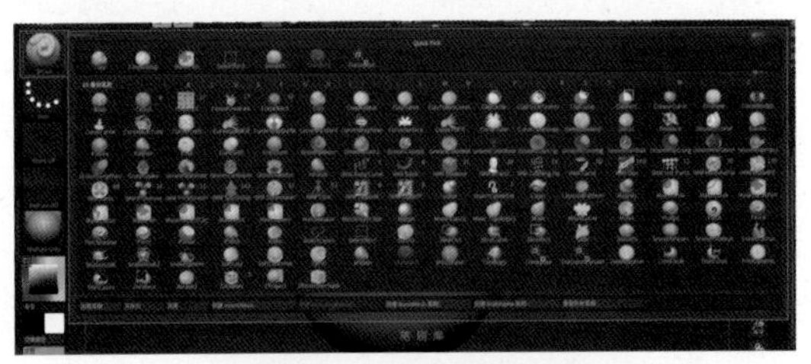

图 1.12 笔刷库（1）

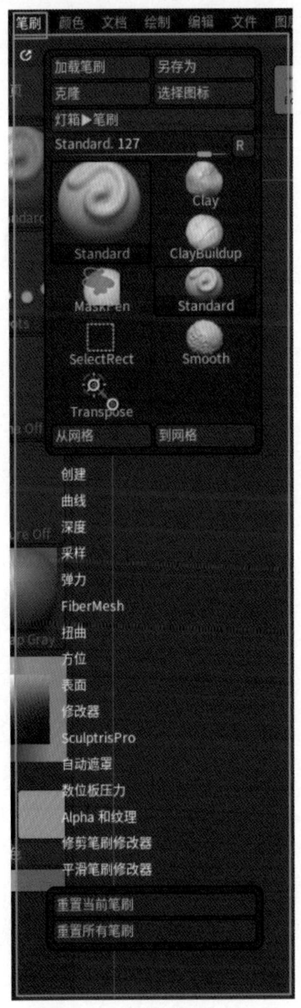

图 1.13 笔刷库（2）

如果想改变左导航栏里面的笔触，可以在笔触菜单栏中修改，如图 1.14（a）所示。

单击笔刷，可以选择运笔方式。单点式或者喷枪式的运笔方式都可以在笔触的菜单栏或者在左导航栏中选择，如图 1.14（b）所示。

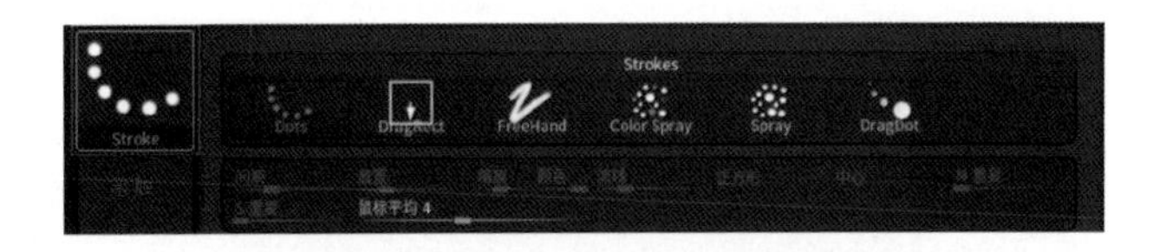

（a）

（b）

图 1.14 左导航栏笔触

Alpha 相当于笔刷的笔头，如图 1.15 所示。

图 1.15 Alpha

如果说 ZBrush 的笔刷是这些仓库里面的工具，那么灯箱就相当于装工具的仓库。当雕刻一个人头或者一些动物时，可以在里面随意选择素材。除了有模型素材外，还有巨量的笔刷或者纹理，以及 Alpha 的素材，如图 1.16 所示。

布尔渲染是很多人期盼已久才出来的一个功能，并且也是非常好用的。首先把模型重叠放到一起并显示出来，如图 1.17（a）所示，然后单击“预览布尔渲染”，这个功能可以选择生成并集、差集、合集。然后进行布尔预算，生成布尔网格。打开布线看一下，它的运算结果是很快的，并且“预览布尔渲染”也经常用到，如图 1.17 所示。

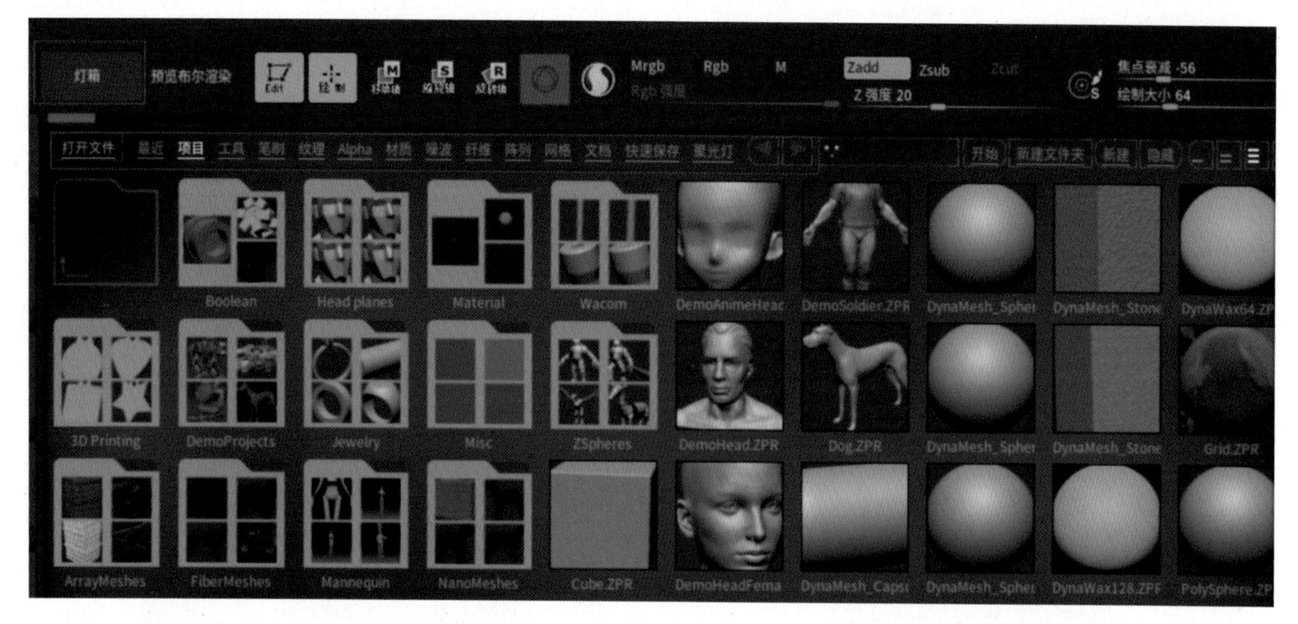

图 1.16　灯箱

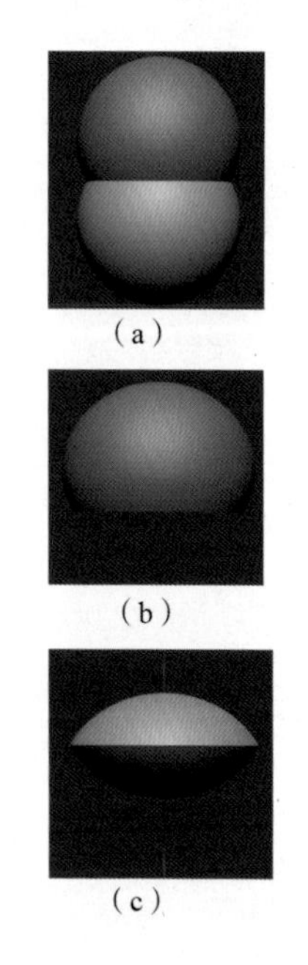

（a）

（b）

（c）

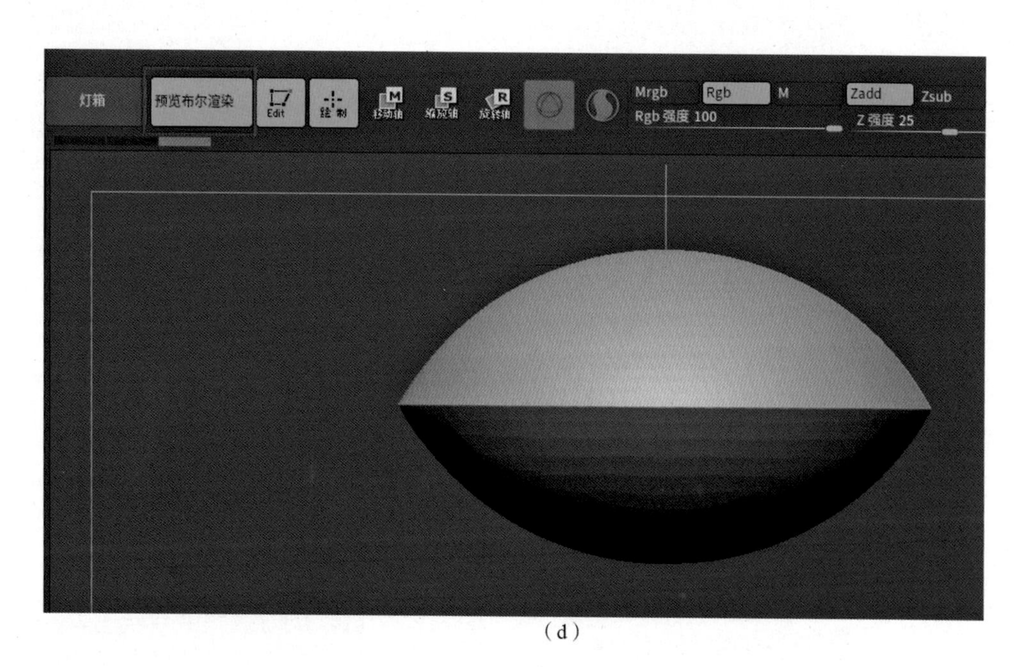

（d）

图 1.17　预览布尔渲染

如果把“编辑”模式取消，拖拽出来的都是幻影图片，如图 1.18 所示。当重新打开“编辑”模式时，模型才能够自由地编辑，否则它只是一个 2D 的图像。按 Ctrl + N 组合键清除画布，如图 1.19 所示。

单击“绘制”模式可以自由地进行雕刻。

当想要对模型进行移动、放大、缩小或者旋转时，

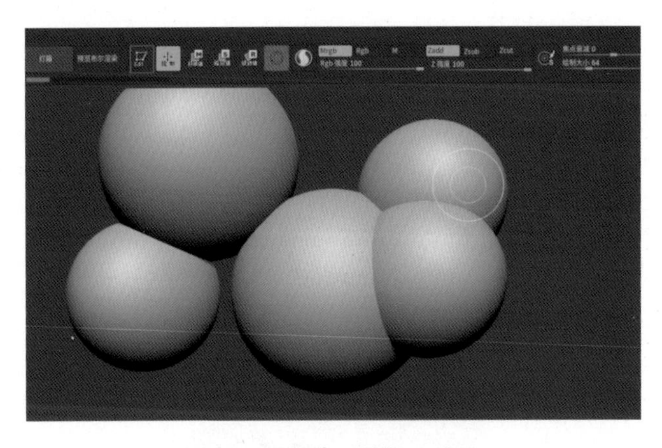

图 1.18 取消“编辑”模式

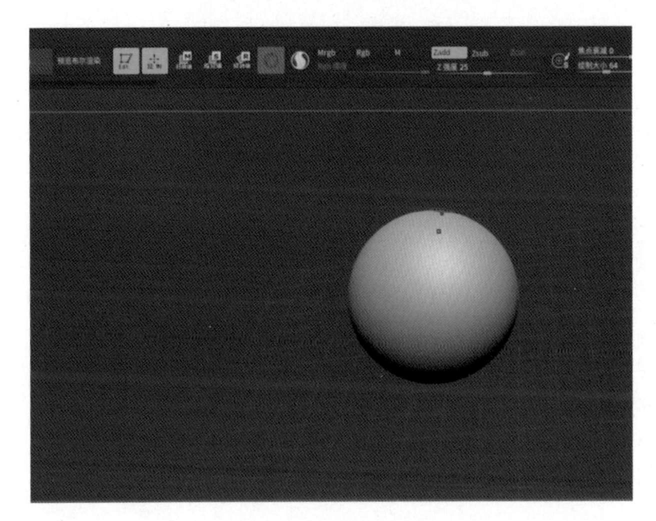

图 1.19 编辑模式

激活 M 移动轴、S 缩放轴、R 旋转轴的按钮。当激活其中一个按钮时，画面会出现一个集合三方功能的 3D 通用变形操作器，如图 1.20 所示。

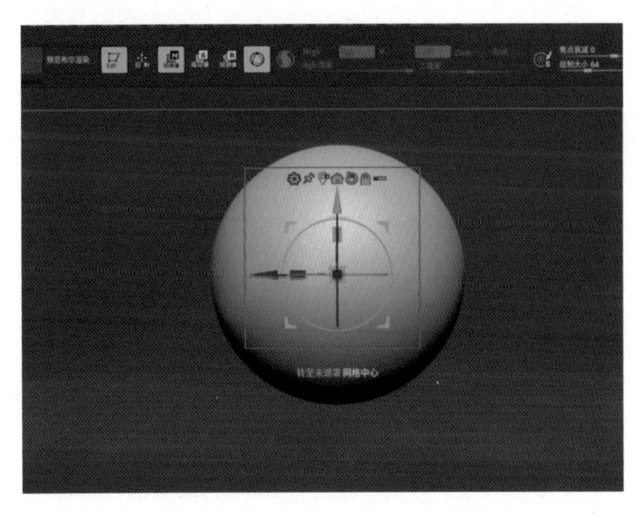

图 1.20 移动、缩放、旋转轴

关闭 3D 通用变形操作器，会出现行动线的操纵杆，如图 1.21 所示，变成了旧版本的操纵器。这种类型的操纵轴用起来的是非常抽象的。很多人觉得这个操作很难理解，所以在后边更新时，为了在一定程度上融入主流，开发了 3D 通用变形操作器这种模式。

图 1.21 行动线的操纵杆

在编辑模型时，笔刷加强过多，网格会被扯坏，出现分布不均。激活 Sculptris Pro 模式，就可以自由地对模型进行编辑，不用担心出现上述情况，如图 1.22 所示。

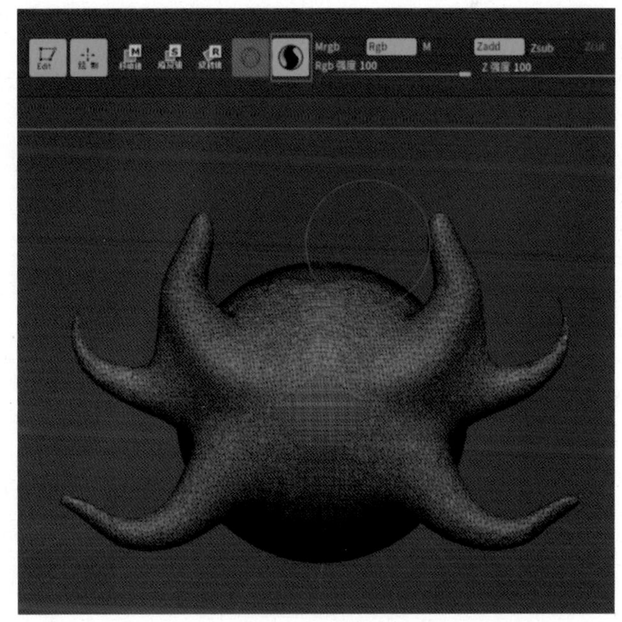

图 1.22 激活 Sculptris Pro 模式

Mrgb 这个功能是颜色加材质的一种显示，如图 1.23（a）所示。其中，Rgb 是颜色通道，如图 1.23（b）所示；M 材质通道，如图 1.23（c）所示。

在平常雕刻时，用得更多的是 Zadd，也就是往外雕刻的编辑状态，如图 1.24（a）所示。还有一个是 Zsub，就是在雕刻时变成向内凹进去的编辑状态，如图 1.24（b）所示。

对于笔刷的强度，可以把 Z 强度调整到 10 以下，它对模型的改变比较小，如图 1.25（a）所示；如果把强度调高，它对模型的改变很大，如图 1.25（b）所示。

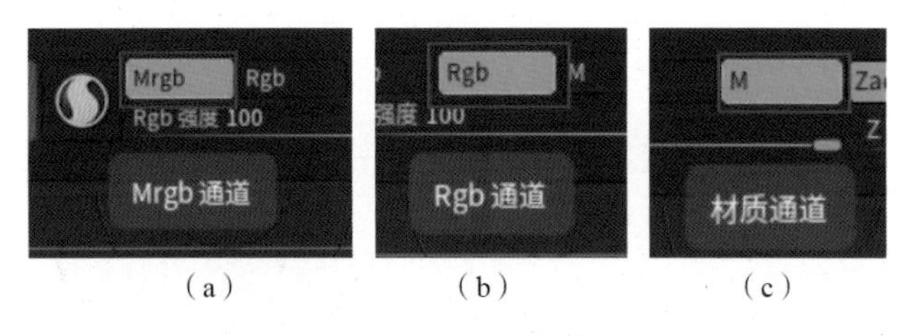

（a）（b）（c）

图 1.23　激活通道

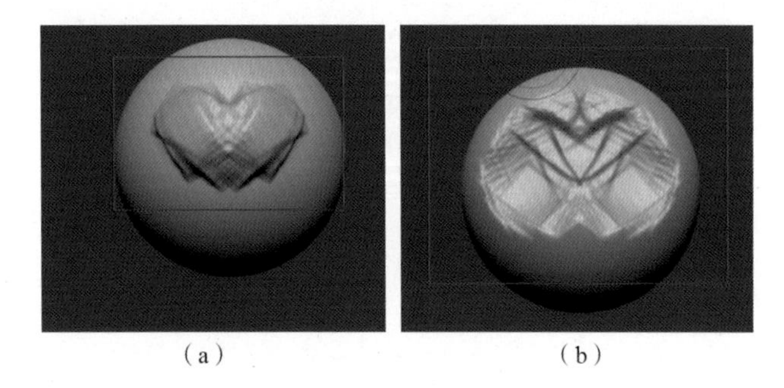

（a）（b）

图 1.24　编辑模式

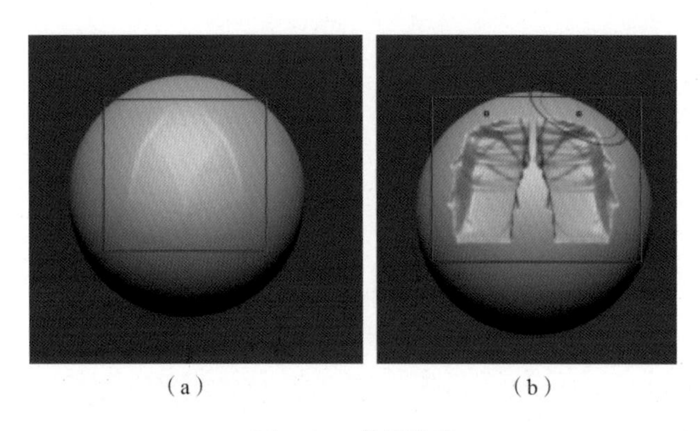

（a）（b）

图 1.25　笔刷强度

焦点衰减就相当于 Photoshop 的羽化值，如果把衰减值调得特别小时，它就变成一个接近于 -100 的负数，此时笔刷雕刻出来的笔触是非常生硬的，如图 1.26（a）所示。如果把衰减值调到正数，笔刷雕刻出来的笔触呈现很柔和的状态，如图 1.26（b）所示。

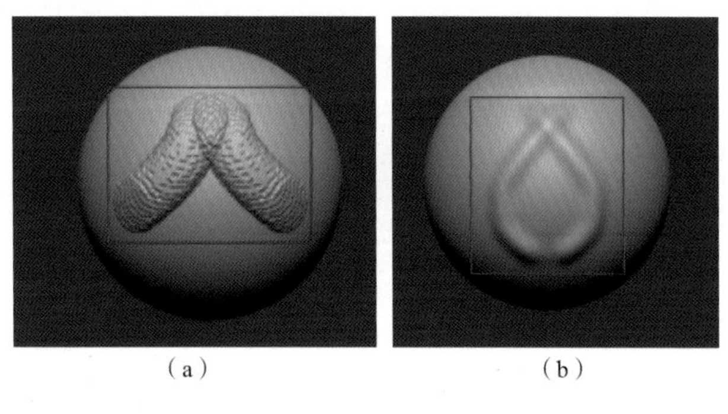

（a）（b）

图 1.26　笔刷强度

绘制大小也就是笔刷的大小，在“绘制大小”中，右上角有一个小按钮，可以使用放大镜看一下，如图 1.27（a）所示。放大镜位于“首选项”中。当放大这一块区域时，会发现有个“Dynamic”按钮。“Dynamic”按钮是记录笔刷的状态，当把“Dynamic”按钮打开时，就会记住笔刷的状态，如图 1.27（b）所示，当把模型缩小时，笔刷也会跟着缩小。“绘制大小”左侧的 S 按钮用于记录笔刷的尺寸，如图 1.27（c）所示。

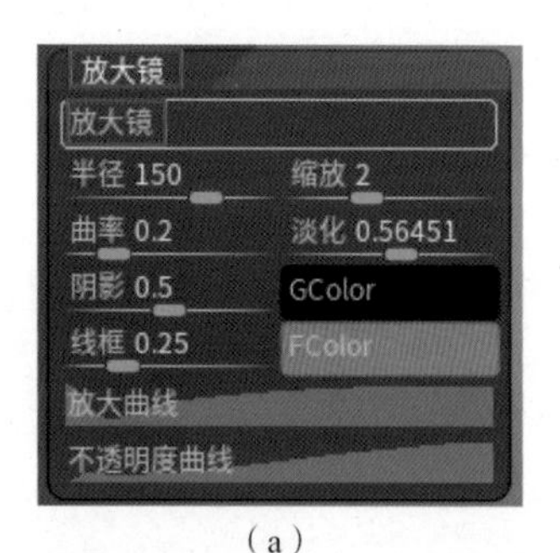

（a）

（b）（c）

图 1.27　绘制大小

笔刷的尺寸、衰减、强度的快捷键是键盘上的空格键。当按住空格键时，视图中会弹出一个快捷菜单，如图 1.28 所示。

图 1.28　快捷菜单

打开网格模式时，可以看到模型的布线及模型的顶点，如图 1.29 所示。当对顶点进行编辑时，模型才有反应。如果绘制模型的面，它是不会发生任何改变的。

图 1.29 顶点编辑

※ 1.3 左导航、右导航、工作区

1. 左导航

软件的左导航中经常会用到的是笔刷、笔触及 Alpha，如图 1.30 所示。

图 1.30 笔刷、笔触、Alpha

笔刷相对应的是菜单栏中的笔刷，单击菜单栏中的笔刷，有很多笔刷的参数可以调节，如图 1.31 所示。

笔触相对应的是菜单栏中的笔触，如图 1.32 所示。

Alpha 相对应的是菜单栏中的 Alpha 菜单栏，如图 1.33 所示。

在 Alpha 通道下方是 Texture 贴图，如图 1.34 所示。如果要对模型进行贴图，可以在 Texture 通道中选择合适的贴图。

图 1.31 “笔刷”菜单栏

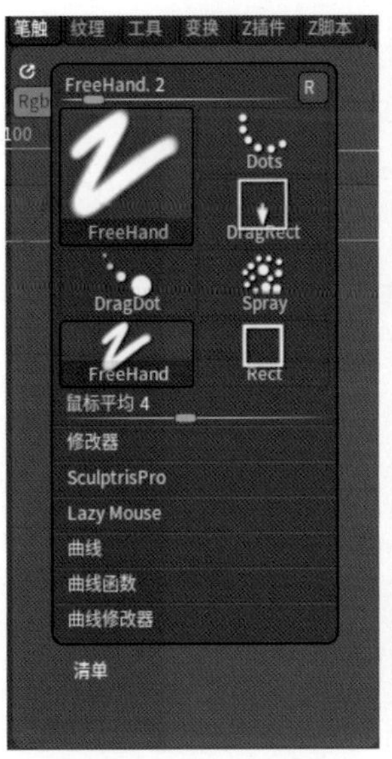

图 1.32 “笔触”菜单栏

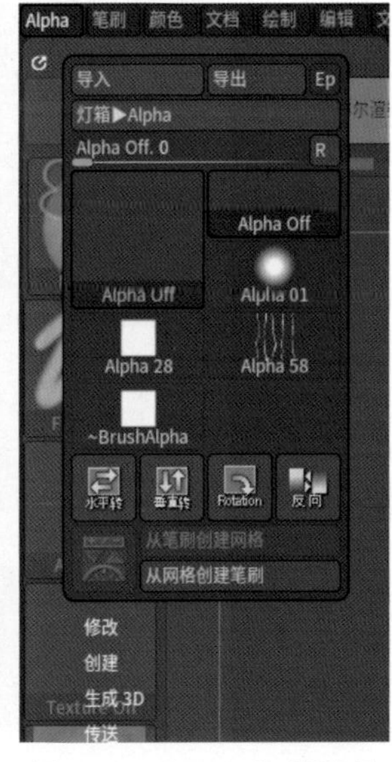

图 1.33 “Alpha”菜单栏

图 1.34　Texture 贴图

经常用到的材质如图 1.35 所示。

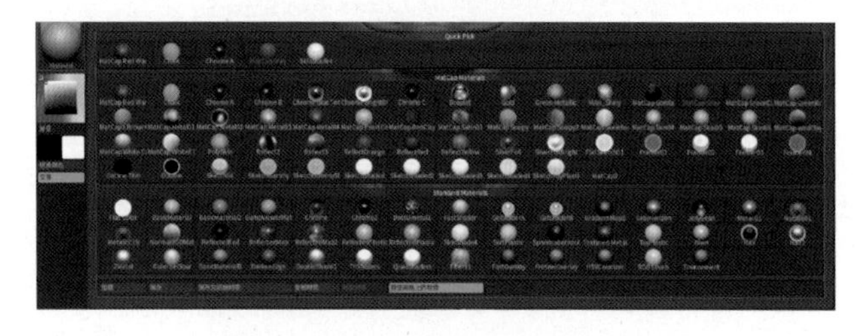

图 1.35　材质

2. 右导航

单击“BPR 渲染”，可以对模型进行渲染，如图 1.36 所示。当对模型进行移动的时候，它的渲染效果就会自动消失。BPR 只是暂时的渲染。

图 1.36　BPR 渲染

滚动文档可以对界面进行拖拽、移动，如图 1.37 所示。

图 1.37　滚动文档

缩放文档可以对界面的大小进行调节，如图 1.38 所示。

图 1.38　缩放文档

当把界面调得特别小的时候，单击实际大小“100%”，就会还原回来，如图 1.39 所示。

图 1.39　实际大小

单击“反锯齿一半大小 AC50%”时，模型边缘的细微锯齿就消失了，如图 1.40 所示。单击实际大小“100%”，还可以再调回来。

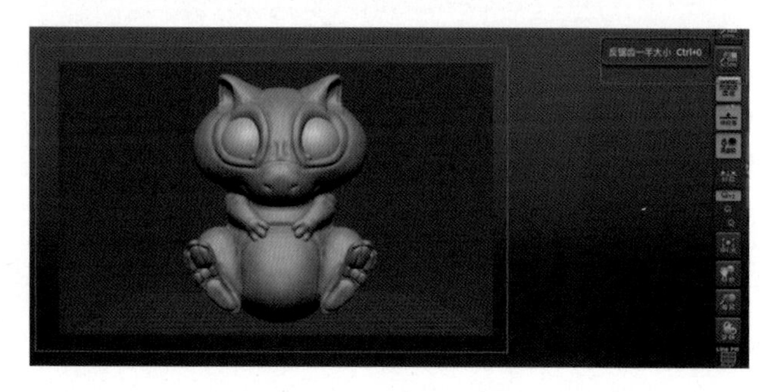

图 1.40　反锯齿一半大小

如果不打开“透视”功能，模型就变成近小远大的状态，如图 1.41（a）所示，是非常奇怪的；当打开“透视”功能，它才呈现正确的近大远小的显示，如图 1.41（b）所示。

(a)

(b)

图 1.41　透视

地网格打开之后，可以看到试图操作窗口中出现的网格，如图1.42所示。另外，这个地网格还有其他走向。打开放大镜观察地网格，可以看到x、y、z的功能标注。当打开x轴和z轴时，模型周围会出现很多个轴的网格。

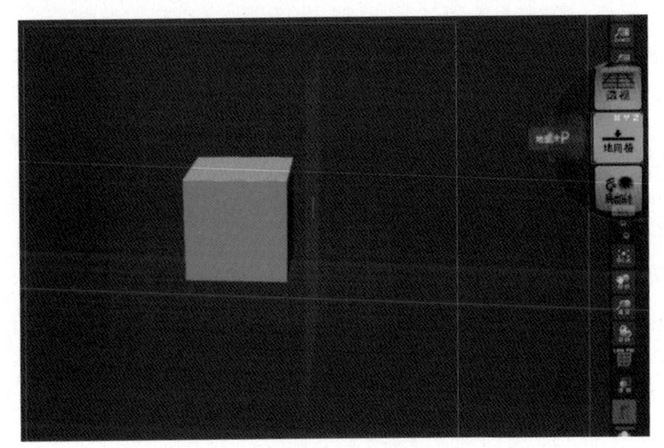

图1.42　地网格

“查看模型的布线”是经常会用到的功能，如图1.43所示。

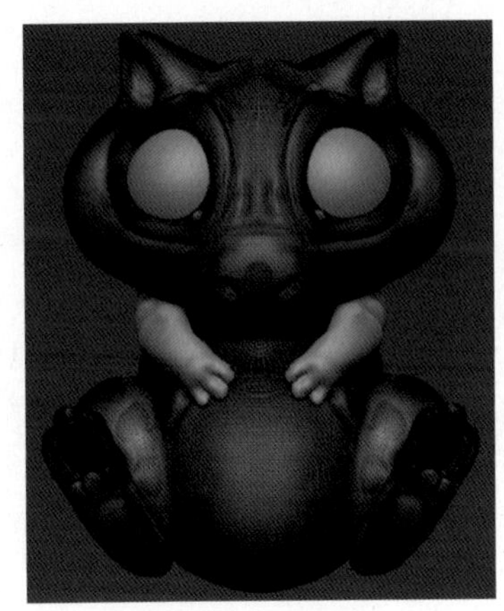

图1.43　PolyF

“透明”显示也是经常用到的一个按钮，单击“透明”按钮，可以看到选中的模型是实体显示，没有选中的模型变成了透明的显示，如图1.44所示。

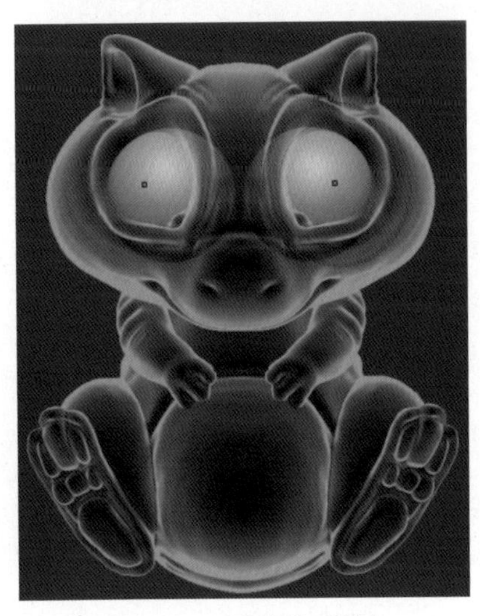

图1.44　“透明”显示

当把“幽灵”显示关闭的时候，模型就会更利于观察，如图1.45所示。一般情况下，“透明”与“幽灵”模式是一起打开的。

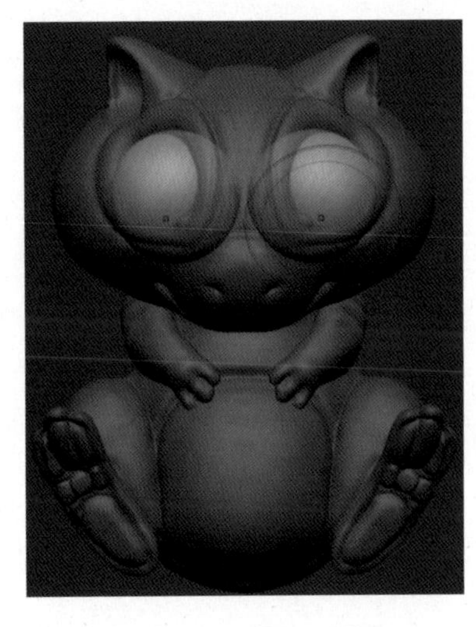

图1.45　“幽灵”显示

当做一些面数特别多、特别精致的模型时，画面会非常卡，可以把“孤立”显示打开，这样画面中只会显示当前选中图层中的模型。“孤立”显示也有一个很小的选项“Dynamic”（动态物理）显示。当把“Dynamic”打开时，在移动模型的时候，电脑中的其他资源模型就会自动消失；当不移动了，其他的模型就显示出来，如图1.46所示。

图1.46　“孤立”显示

以上是在右导航中经常会用到的一些功能，用得相对少一点的功能如下。

插入一个模型，如图1.47（a）所示，然后按快捷键X打开对称，如图1.47（b）所示，这个模型就会打开“轴对称”，这种对称方式是以X轴为标准进行对称的，如图1.47（c）所示。如果打开“局部对称”，它会以模型的中心为对称轴进行对称，如图1.47（d）所示。

这是XYZ轴的旋转方式，不受轴向的限制，如图1.48（a）所示。如果换成Y轴，旋转模型时，就只会以Y轴为中心进行旋转，如图1.48（b）所示。

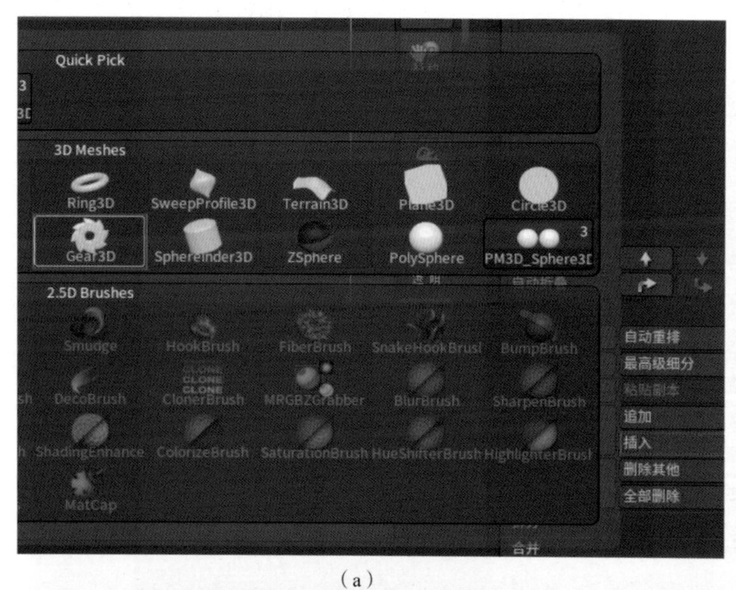

(a)

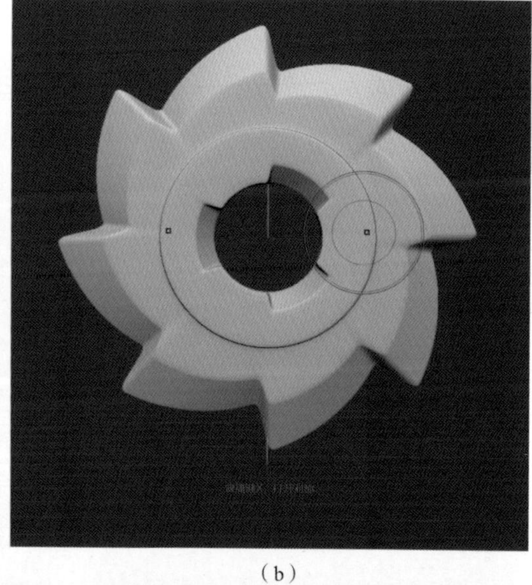

(b)

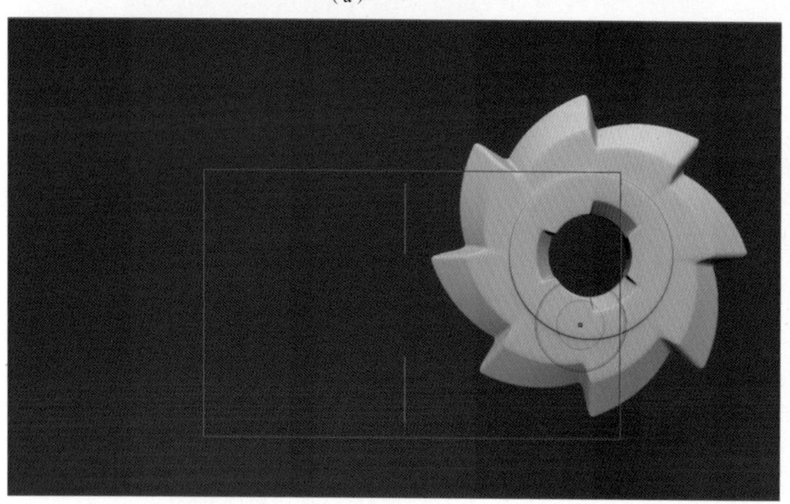

(c)

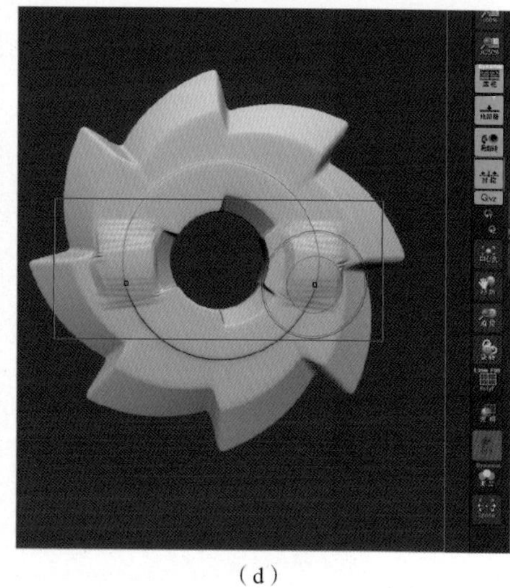

(d)

图 1.47　局部对称

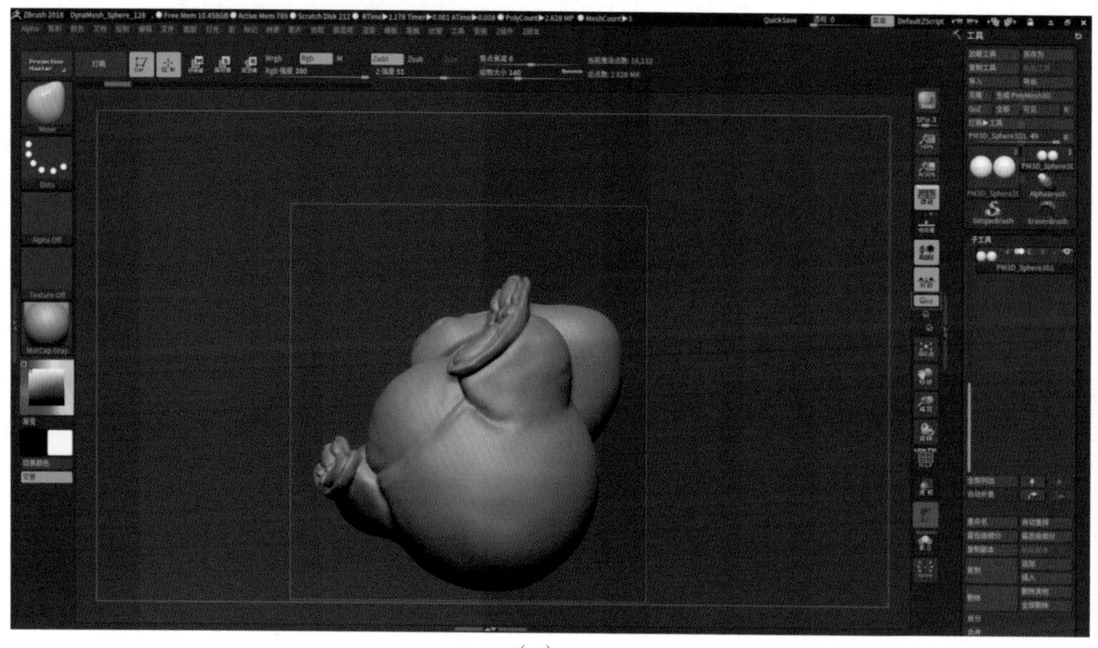

(a)

(b)

图 1.48　XYZ 轴旋转方式和 Y 轴旋转方式

中心点的作用是恢复到中心，如图 1.49 所示。

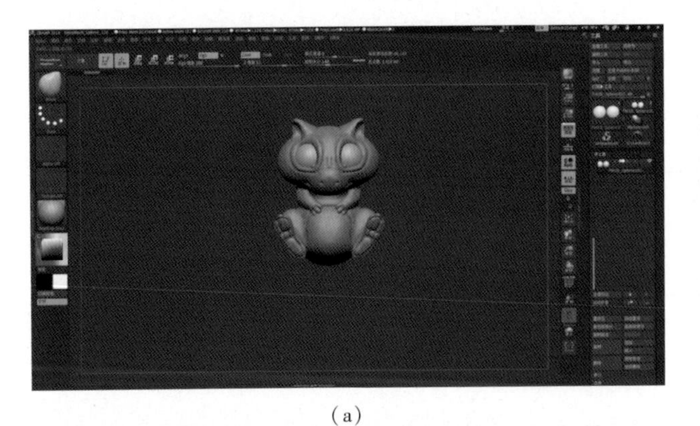

(a)

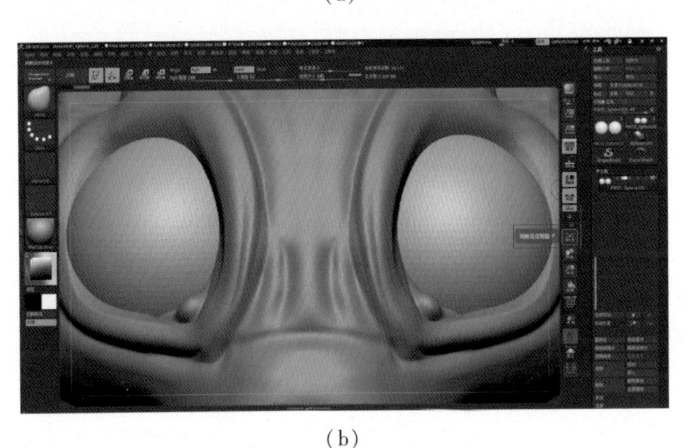

(b)

图 1.49　中心点

右导航中的移动、缩放及旋转命令只是对视图进行移动、缩放及旋转，而模型本身的大小是不会发生任何改变的，如图 1.50 ~ 图 1.52 所示。

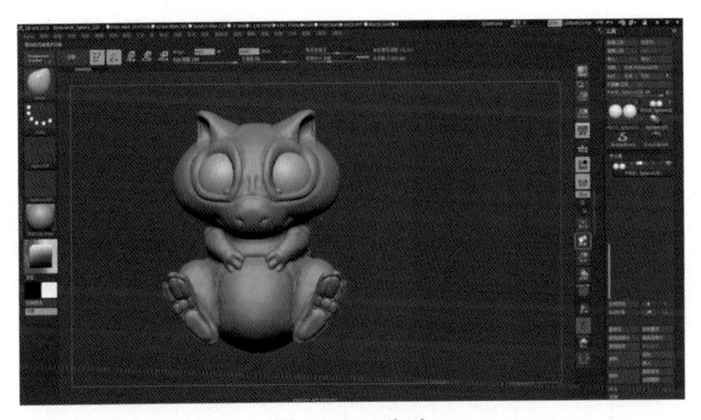

图 1.50　移动

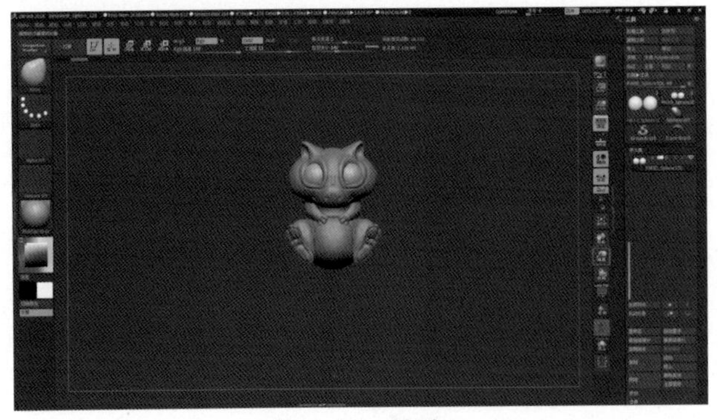

图 1.51　缩放

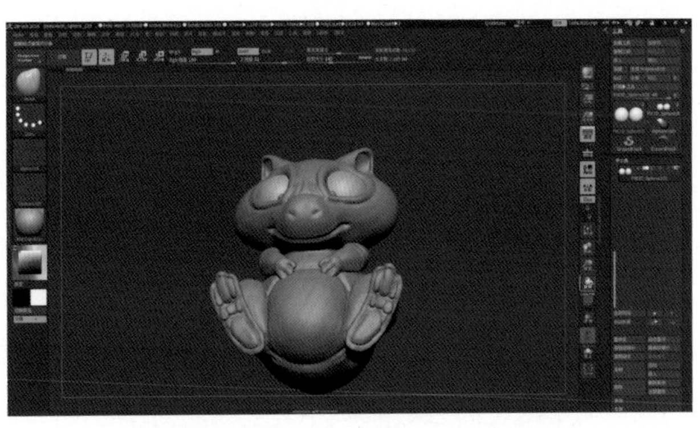

图 1.52　旋转

Xpose 的作用是把模型层散开。单击 “Xpose” 按钮，模型散开了，如图 1.53（a）所示，再单击一下，模型恢复到原位，如图 1.53（b）所示。

(a)

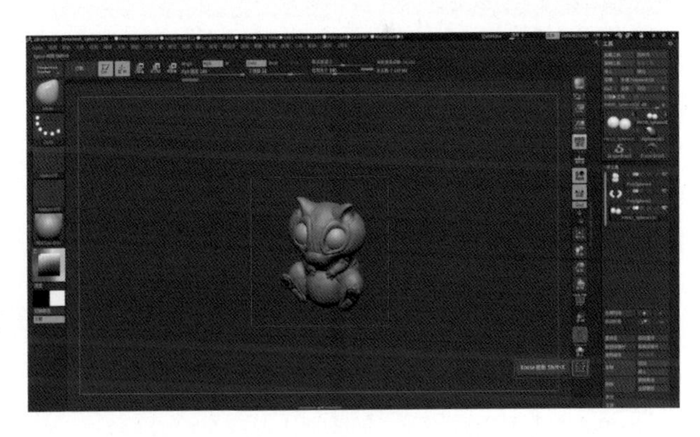

(b)

图 1.53　Xpose

当把鼠标移到相应的图标时，会有该图标相应的解释及它的快捷键显示，如图 1.54 所示。

3. 工作区

按住 Alt 键 + 鼠标左键可以平移视图，如图 1.55 所示。

按住鼠标左键在空白区域旋转视图，如图 1.56 所示。

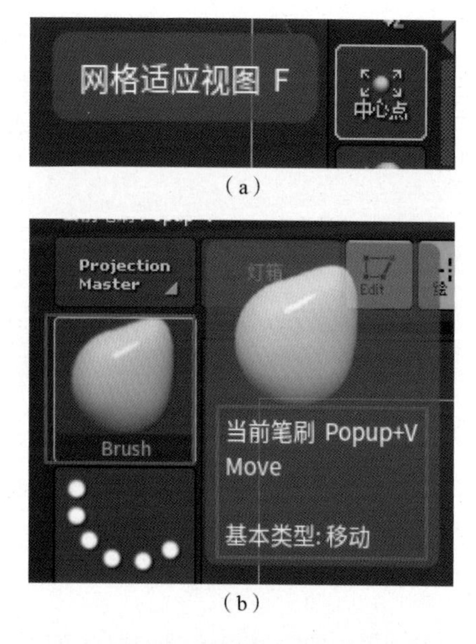

（a）

（b）

图 1.54　图标解释与快捷键

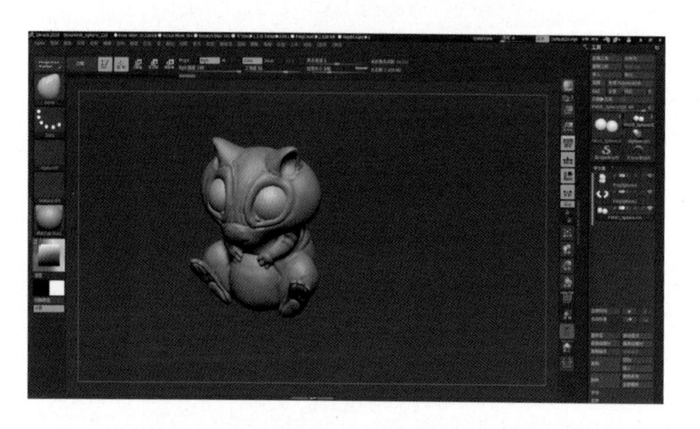

图 1.55　平移视图

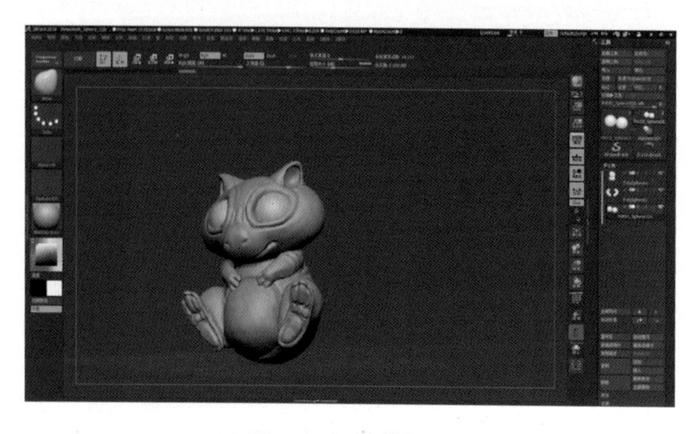

图 1.56　旋转视图

按住 Ctrl 键 + 鼠标右键可以缩放视图，如图 1.57 所示。

按住 Shift + 鼠标左键，然后再松开 Shift 键，可以定向旋转，如图 1.58 所示。

Shift 键有定向捕捉的功能，除了可以对视图进行定向捕捉外，还会对很多笔刷及很多功能进行定向捕捉。

图 1.57　缩放视图

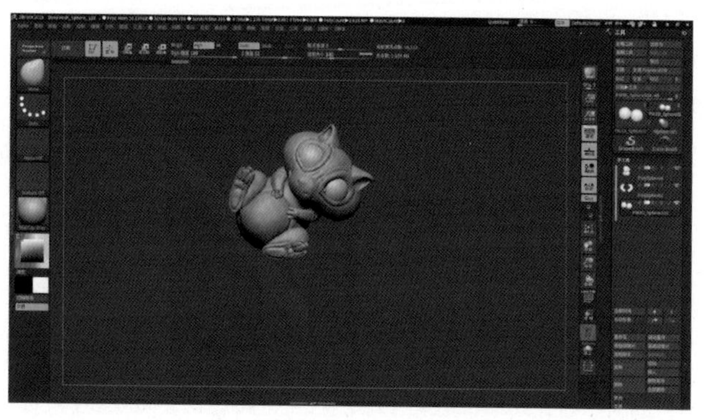

图 1.58　定向旋转

比如，在旋转时想捕捉某一个面，按住 Shift 键 + 鼠标左键轻拉空白区域，就捕捉到了一个面，如图 1.59 所示。

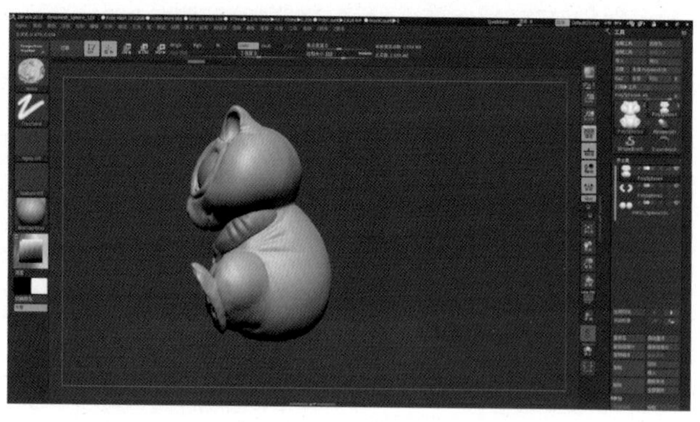

图 1.59　定向捕捉

界面上方的进度条，主要是在模型进行编辑时，记录每一个操作。当想返回到某一个阶段时，单击就可以返回，如图 1.60 所示。

当单击“Quick Save”时，文件保存在灯箱的“快速保存”中，如图 1.61（a）所示。保存的模型如图 1.61（b）所示。这个软件有一个自动的设置，每隔 20 分钟会进行自动保存。可以在“首选项”里的“快速保存”中设置相关参数，如图 1.61（c）所示。单击“存储配置”，保存修改以后的配置，如图 1.61（d）所示。

图 1.60　历史记录进度条

(a)

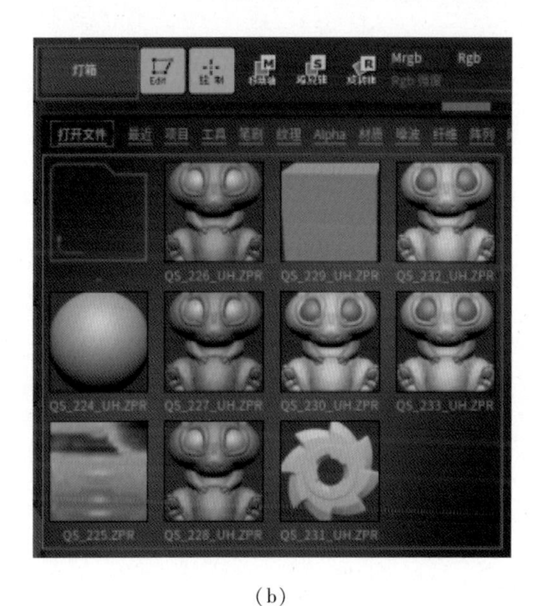

(b)

图 1.61　快速保存、参数调整及存储配置

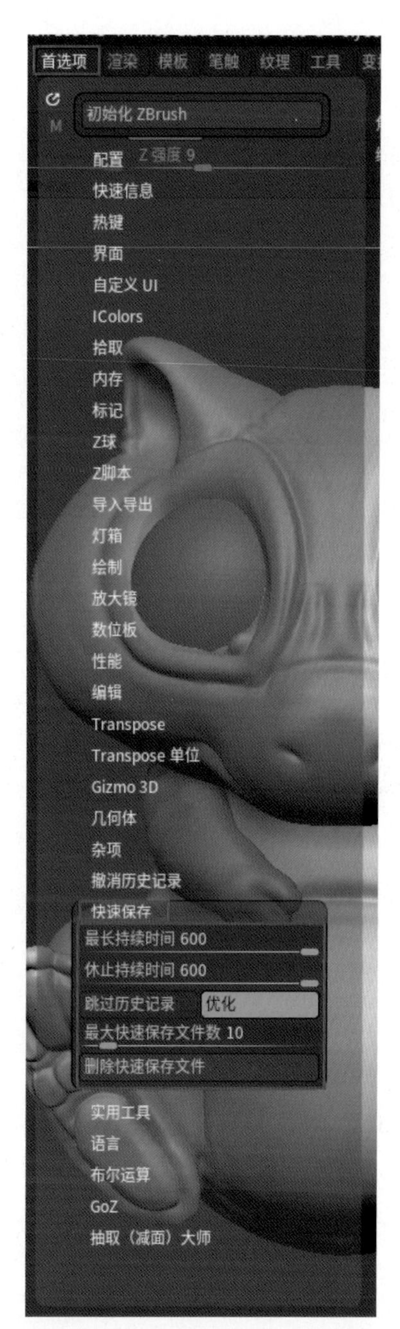

(c)

(d)

图 1.61　快速保存、参数调整及存储配置（续）

右上角的“透视”选项可以使 ZBrush 界面透明化，如图 1.62 所示。

图 1.62　透视

单击“菜单”可以显示或隐藏菜单栏，如图 1.63 所示。

图 1.63　显示或隐藏菜单栏

这些 UI 的配置都可以随意更改，如图 1.64 和图 1.65 所示，但是一般保持默认就可以了。

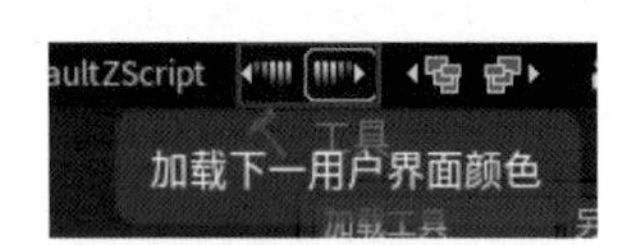

图 1.64　用户界面颜色的修改

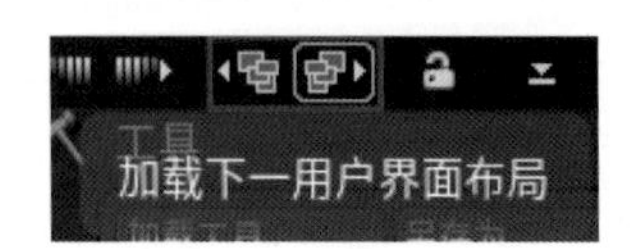

图 1.65　用户界面布局的修改

※ 1.4　“工具”菜单栏概述

加载一个模型，如图 1.66 所示。

在菜单栏中，“加载工具”选项加载工具相当于其他软件中的“打开”命令，如图 1.67 所示；“导出”选项导出相当于其他软件中的“保存”命令，如图 1.68 所示。

“导入”和“导出”的功能使用 obj 格式。导入 obj 模型时，直接单击“导入”按钮就可以了；当想把它保存成一个 obj 格式时，单击“导出”按钮。

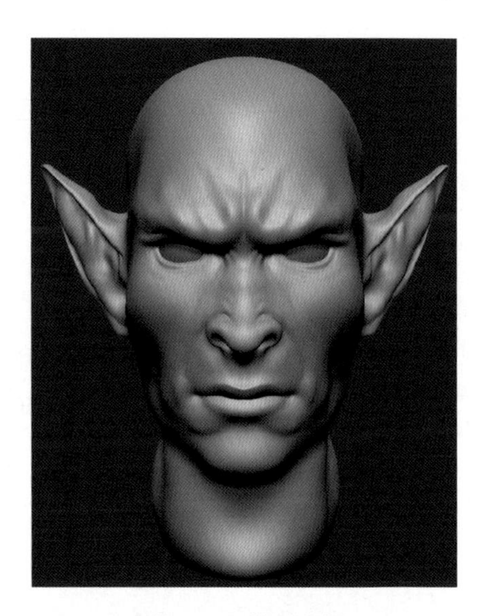

图 1.66　模型案例

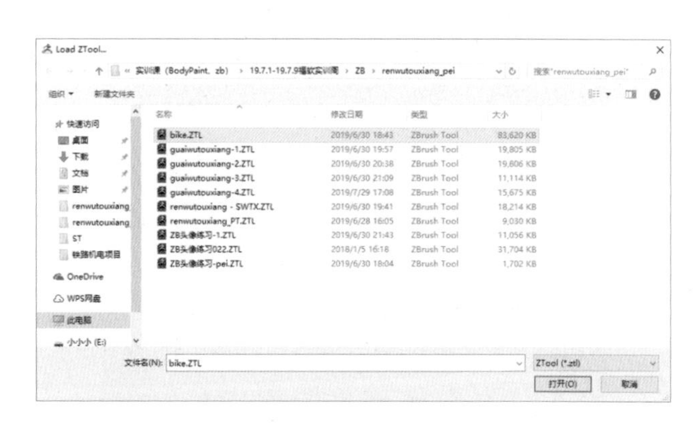

图 1.67　加载工具

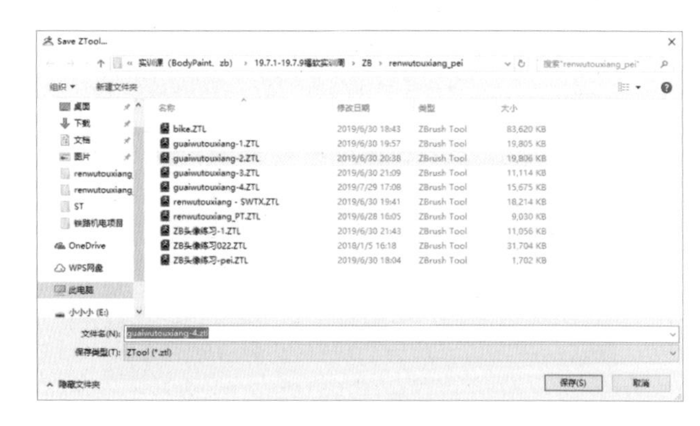

图 1.68　导出

打开模型时，在工具栏下方区域会记录很多信息，可以单击右上角的“R”按钮将这些信息全部清理掉，如图 1.69 所示。

按快捷键 F，所选中的模型会最大化显示到界面中，如图 1.70 所示。

一个模型由各种各样的方式去阵列，或者说，执行特殊复制的效果 ArrayMesh ArrayMesh，如图 1.71 所示。

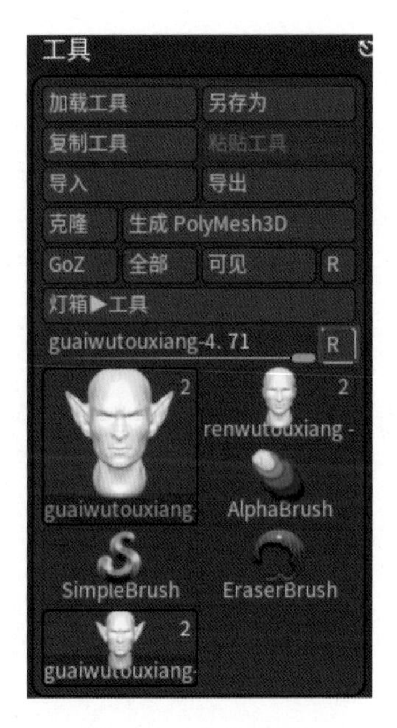

图 1.69 “R” 按钮

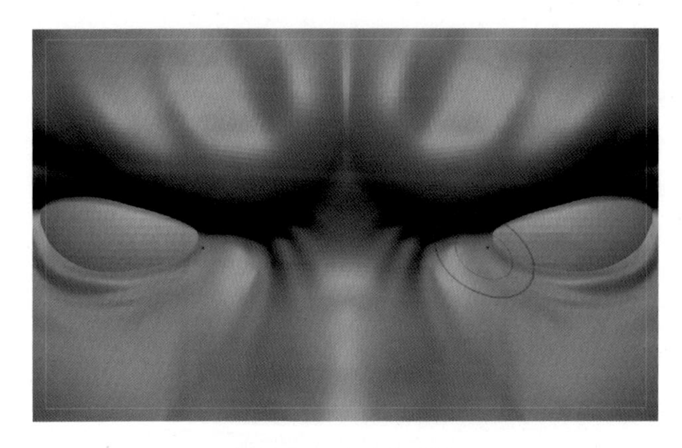

图 1.70 中心点显示

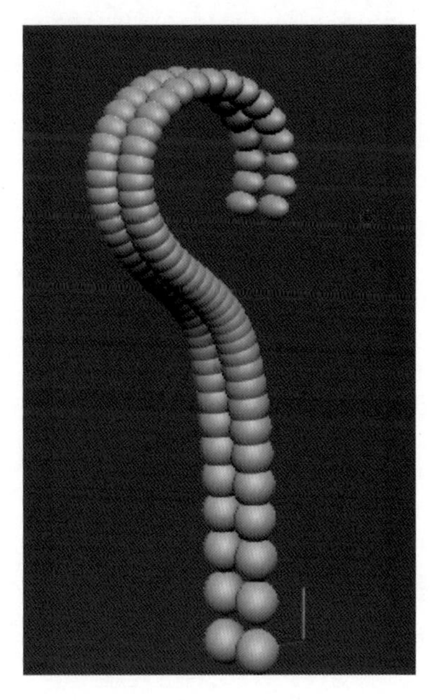

图 1.71 阵列预设

NanoMesh NanoMesh，做鳞片会用得比较多一些。

FiberMesh FiberMesh，用于做毛发。打开灯箱毛发，有很多毛发的样式，如图 1.72 所示。

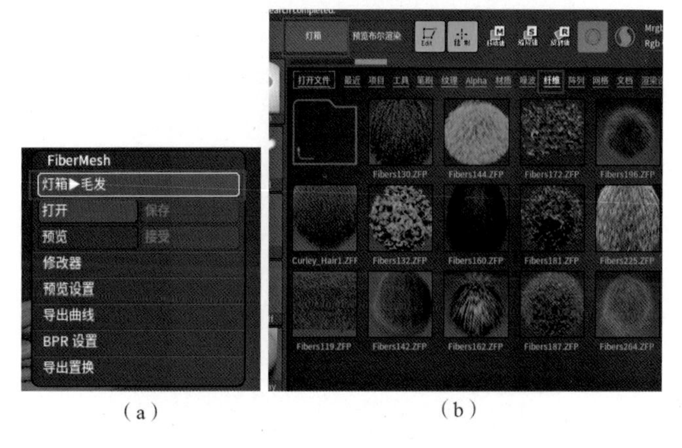

(a) (b)

图 1.72 毛发制作

在“显示属性”中，把“双面显示”打开，模型里面的面就看到了，如图 1.73 所示。

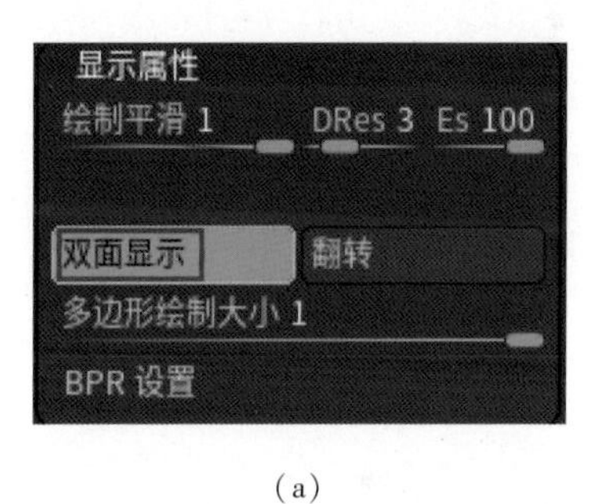

(a)

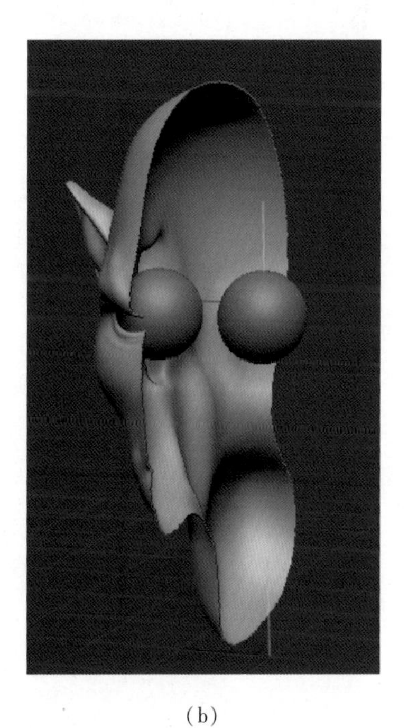

(b)

图 1.73 双面显示

当出现如图 1.74（a）所示画面时，很可能就是法线反了，单击“翻转”按钮就可以把法线翻转过来，如图 1.74（b）所示。

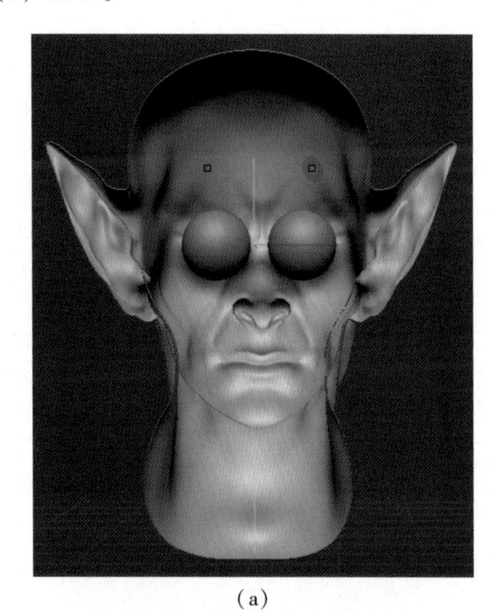

(a)

显示属性
绘制平滑 1　DRes 3　Es 100
双面显示　翻转
多边形绘制大小 1
BPR 设置

(b)

图 1.74　法线翻转

※ 1.5　子工具、几何体编辑

“工具”子菜单栏里面都是以模型层构成的，如图 1.75 所示。

在子工具层中，可以将图层合并成组，单击方向符号可以打开。

单击 START，按住键盘上的 Shift 键，单击眼睛图层，就只剩下当前层，想让模型层全部显示出来时，按住 Shift 键，单击当前层即可。

这边图层中有一个着色模式，小笔都处于打开状态，按住 Shift 键并单击小笔，把着色模式关闭。如果没有打开着色模式，模型的颜色就不会显示，如图 1.76 所示。

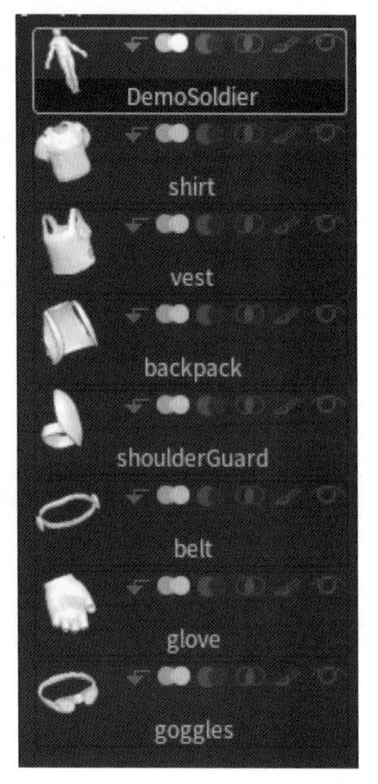

图 1.75　层显示方法

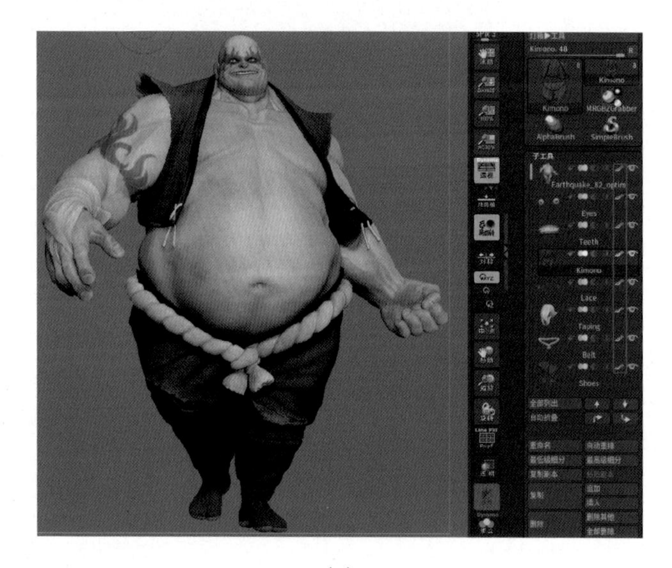

(a)

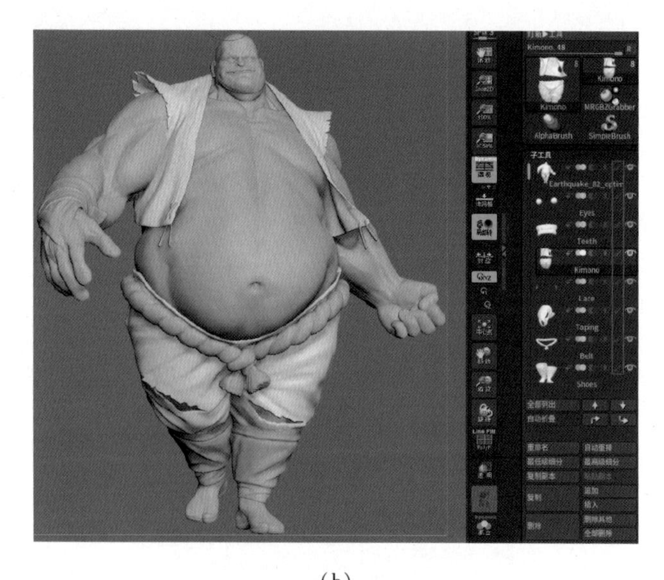

(b)

图 1.76　着色模式显示

当制作的模型过多时，可以使用 Alt 键 + 鼠标左键单击某一部分模型，会自动跳到当前选中的模型中进行编辑。

在层下面的箭头按钮用于对层位置进行调整。

“全部列出”功能就是把所有层的模型显示在一个窗口中，如图 1.77 所示。

单击“最低级细分” 最低级细分，会把所有的模型层都调到最低的细分级别，如图 1.78（a）所示，单击最高级细分 最高级细分，全部变成最高的细分级别，这些细节就全部显示出来了，如图 1.78（b）所示。

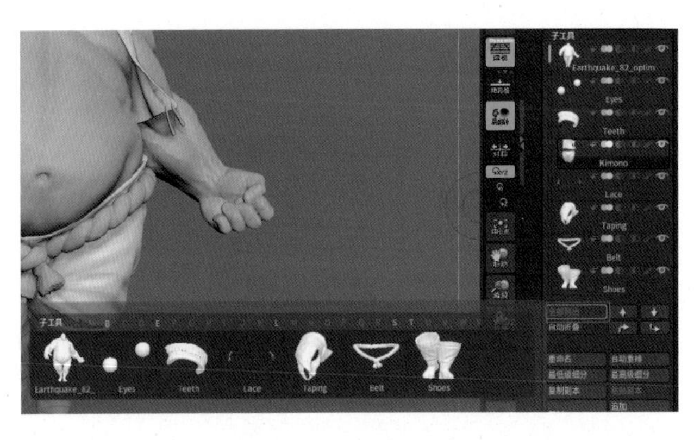

图 1.77　全部列出

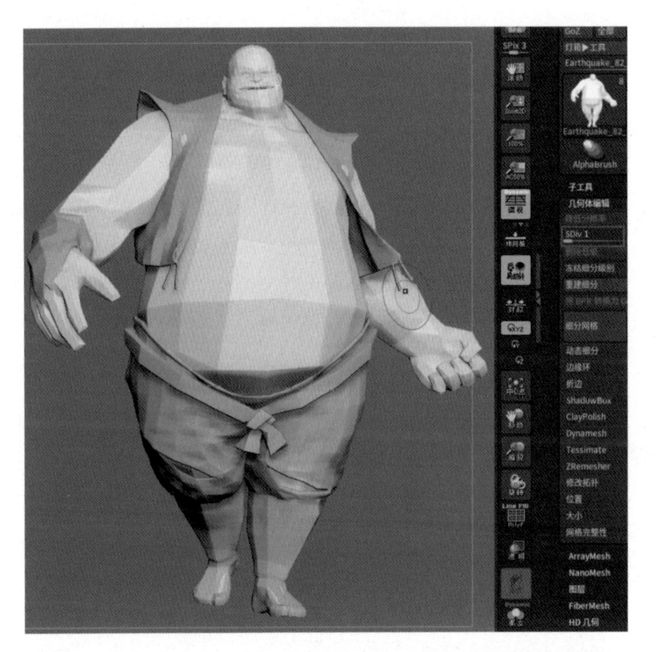

(a)

(b)

图 1.78　最低级细分、最高级细分

“复制” 的功能就是把当前模型层不断地复制，如图 1.79 所示。

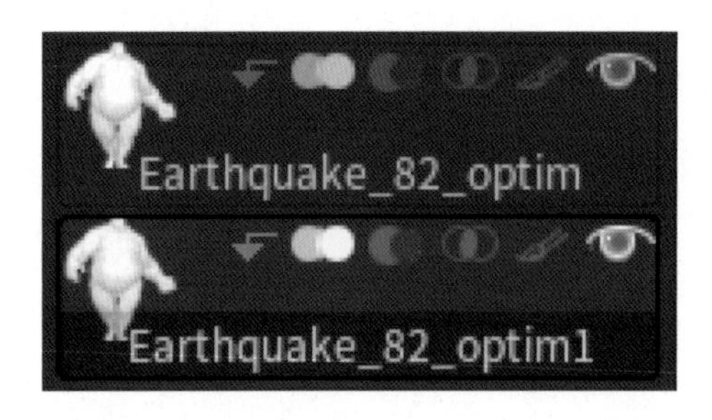

图 1.79　复制

单击“追加” 或“插入” 按钮，选中想要插入的几何体，这个几何体会自动新增加一个层，如图 1.80 所示。

图 1.80　追加、插入

单击“删除”按钮 ，会直接删除当前选中层。

单击“删除其他”按钮 ，除了当前所选中的模型层外，其他的模型层全部被删除。

单击“全部删除”按钮 ，模型层变成一个五角星。

单击“几何体编辑”按钮 ，可以细分级别。

单击“删除低级”按钮 ，在当前级别之前的低级别都会被删除掉。单击“删除高级”按钮 ，在当前级别之前的高级别都会被删除掉。

※ 1.6　常用笔刷介绍

在制作模型的时候，经常会用到对称功能。单击“变换” →“激活对称” ，可以看到 X、Y、Z 三个轴向对称方式 。一般情况下，默认的是 X 轴的对称方式。

笔刷在“灯箱”里面可以找到。单击笔刷，会跳出来很多笔刷供使用。

键盘上的1键是默认的快捷键，它的效果是加强当前雕刻过的笔刷痕迹，如图1.81所示。

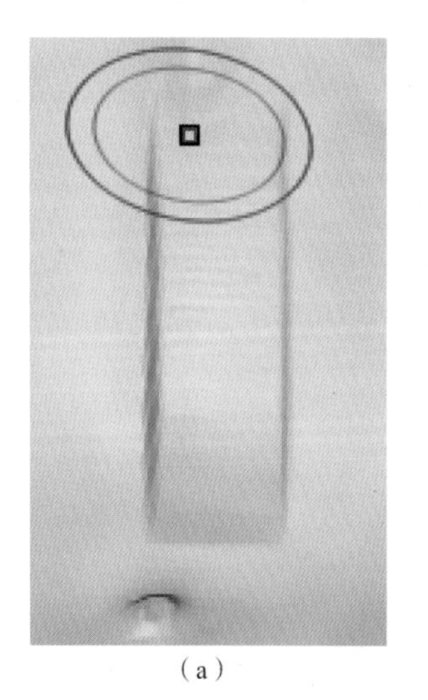
(a)

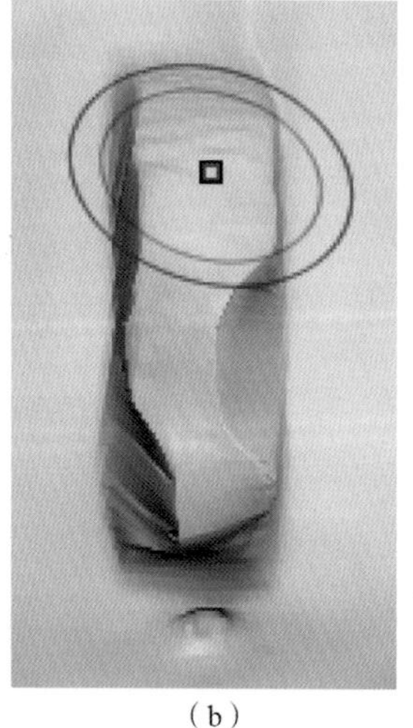
(b)

图1.81　加强当前笔刷痕迹

SnakeHook笔刷的效果，如图1.82（a）所示。在使用SnakeHook笔刷时，激活Sculptris pro模式，则拖拽模型时可以进行实时布线，塑造完的地方就会变成三角面，如图1.82（b）所示。

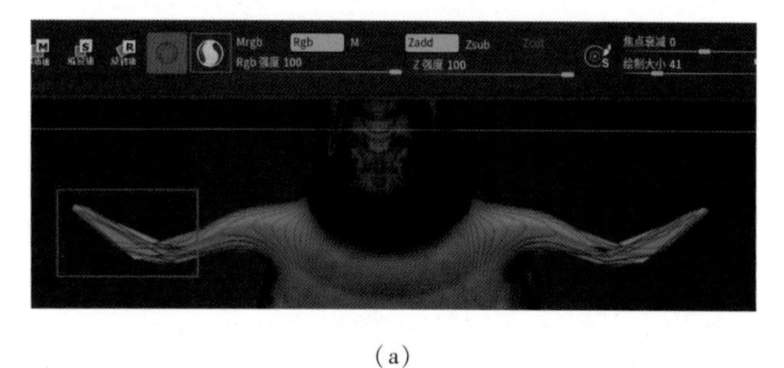
(a)

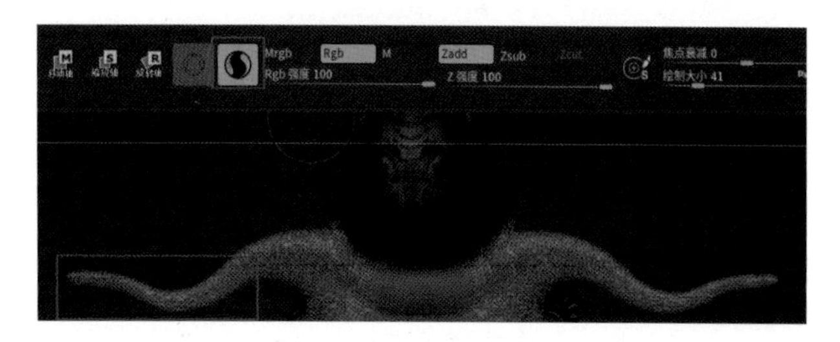
(b)

图1.82　SnakeHook笔刷的应用

Standard笔刷效果如图1.83所示。Standard笔刷是制作模型时兼容性最好、使用范围最广的笔刷。因为在雕刻模型的时候，除了对模型的形体进行雕塑外，还可以使用Alpha，而其他笔刷对Alpha兼容性没有Standard笔刷的好。

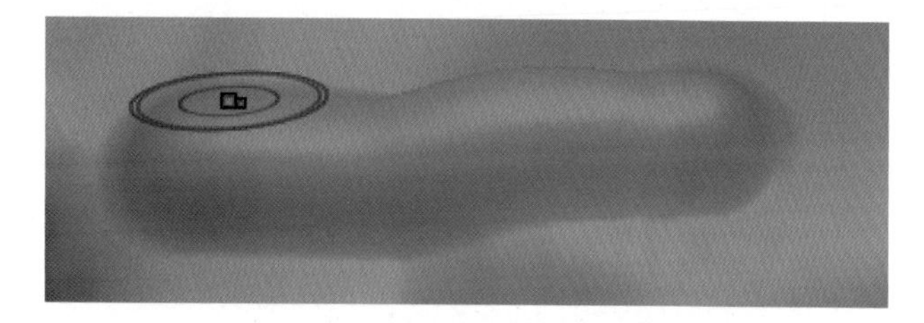

图1.83　Standard笔刷的应用

ClayBuildup笔刷就是基本类型的黏土。在塑造型体的时候，ClayBuildup笔刷会有一个类似于做泥塑或者手办的笔刷痕迹，如图1.84所示。

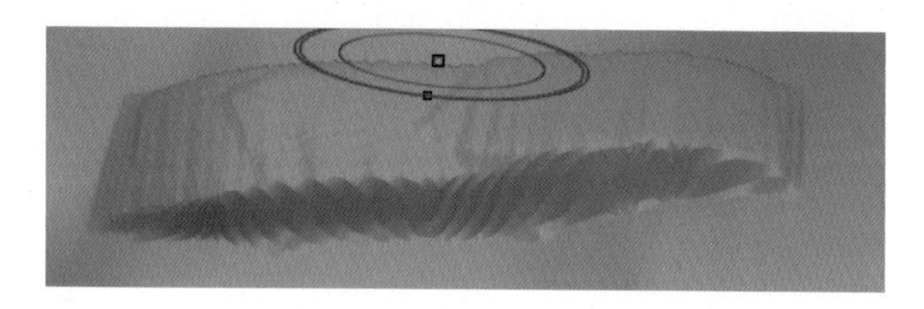

图1.84　ClayBuildup笔刷的应用

在雕刻某一物体，如果想让某处结构饱满一些，就可以使用Inflat笔刷绘制出想要的效果。同时，可以按住Alt键向内膨胀，制作出想要的眼眶的效果，如图1.85所示。

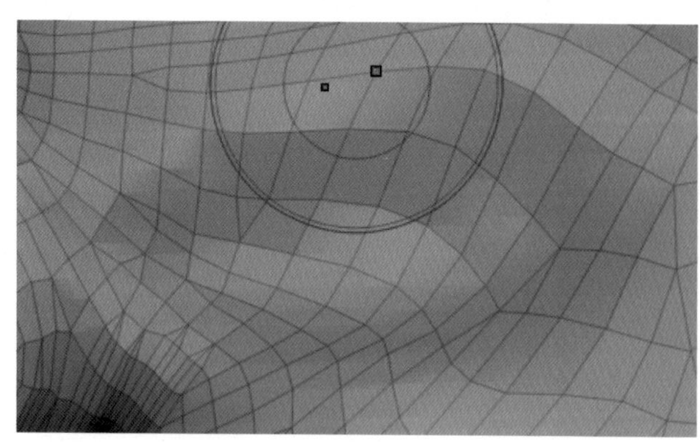

图1.85　Inflat笔刷的应用

使用TrimDynamic笔刷，可以使模型呈现刮刀的效果，如图1.86（a）所示。也可以按住Alt键，使低的地方提上来，如图1.86（b）所示。

Pinch笔刷可以对模型向内收缩，如图1.87（a）所示。

Slash3笔刷是刻线笔刷，如图1.87（b）所示。

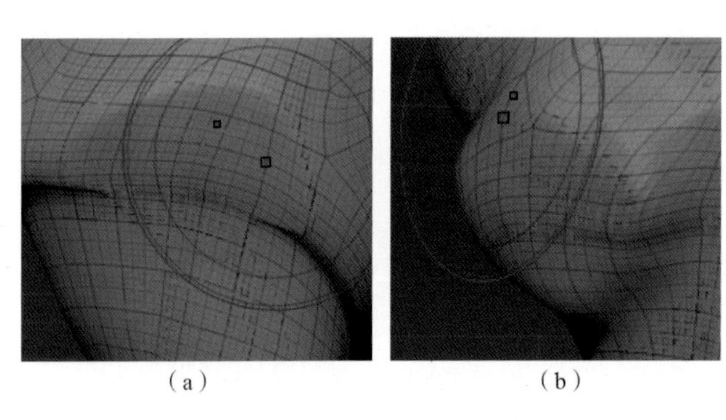

（a）　　　　（b）

图 1.86　TrimDynamic 笔刷的应用

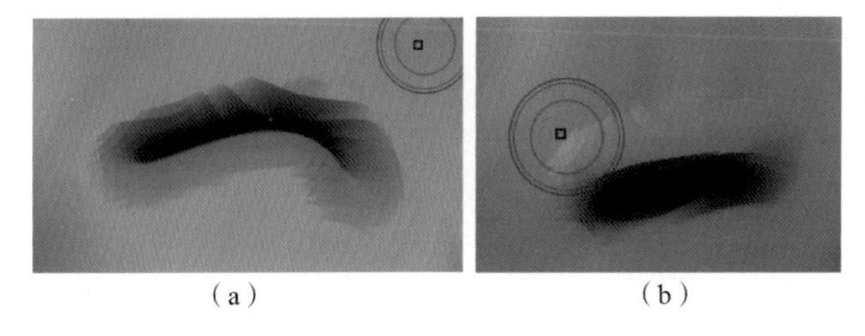

（a）　　　　（b）

图 1.87　Pinch 笔刷（a）和 Slash3 笔刷（b）的应用

DamStandard 笔刷呈现标准的刻线笔刷效果，如图 1.88 所示。

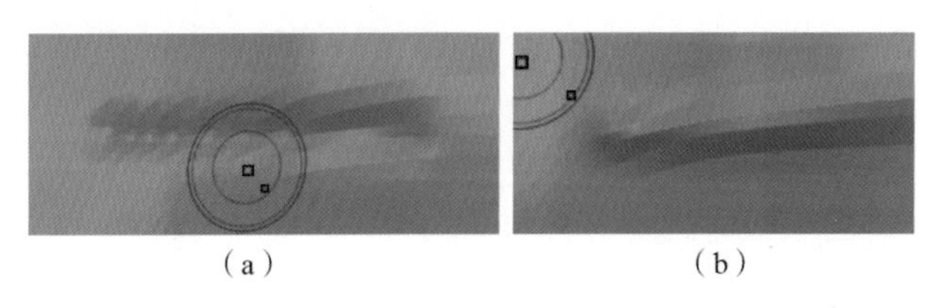

（a）　　　　（b）

图 1.88　DamStandard 笔刷的应用

Move 笔刷可以对模型进行调整。虽然与蛇形笔刷有些相似，但是 Move 笔刷不会改变模型的布线，如图 1.89 所示。

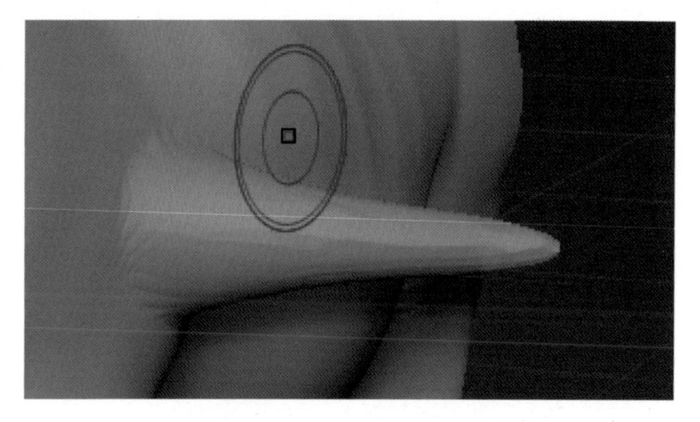

图 1.89　Move 笔刷的应用

Smooth 笔刷可以对模型进行羽化、柔化，如图 1.90 所示。

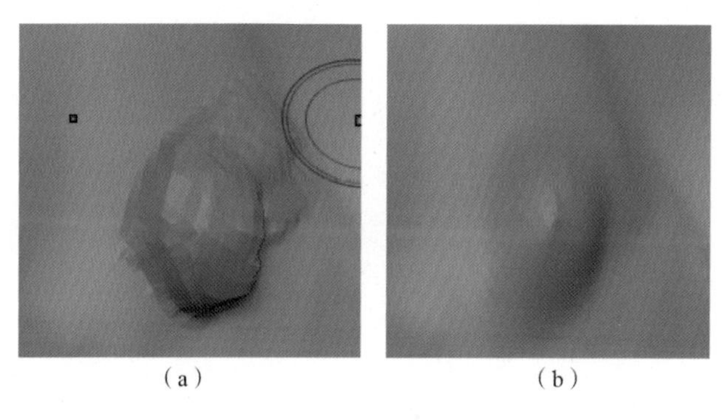

（a）　　　　（b）

图 1.90　Smooth 笔刷的应用

第 2 章
小鱼人头像雕刻

本章结合理论知识，通过制作一个头像案例夹巩固所学知识点。

本章所选的案例为《英雄联盟》游戏中的角色小鱼人的头像雕刻，作为前期的实战案例，本章讲解会较为详细，为后期制作大作品铺垫基础。

学习目标

- ★ 掌握 **ZBrush** 笔刷建模的思路。
- ★ 熟悉常用工具及命令的使用方法及原理。
- ★ 初步掌握对面数的把控。
- ★ 掌握低面数塑型、高面数深入细节的制作方式。

※ 2.1　小鱼人头大型塑造

①打开 ZBrush 软件，新建一个文档，如图 2.1（a）所示。然后使用 Snipaste 截图软件，按快捷键 F1 对小鱼人参考图进行截图，并摆至合适位置作为参考，如图 2.1（b）和图 2.1（c）所示。

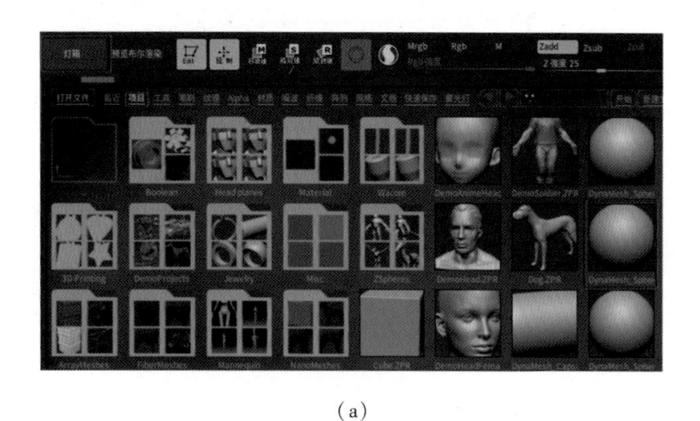

（a）

Snipaste -
快捷方式

（b）

（c）

图 2.1　新建文档并截取参考图

②使用 Move 笔刷对球体进行剪影调整，如图 2.2 所示。这里注意，在前期捏型的过程中，要使用较大的笔刷进行调型。

③使用 ClayBuildup 笔刷刻画出头部眉弓、鼻梁、嘴唇等凸出五官部分，如图 2.3 所示。

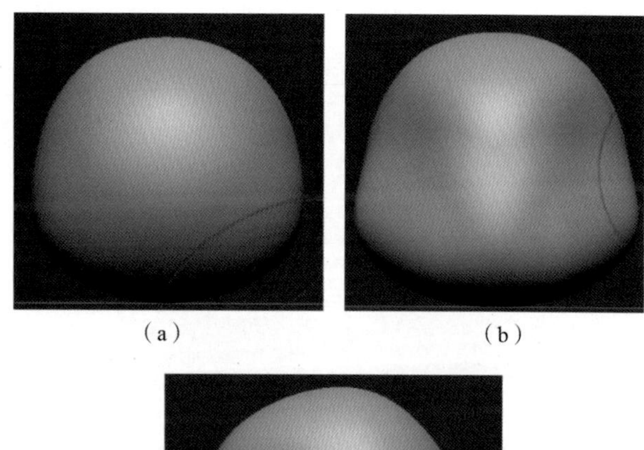

（a）　　（b）

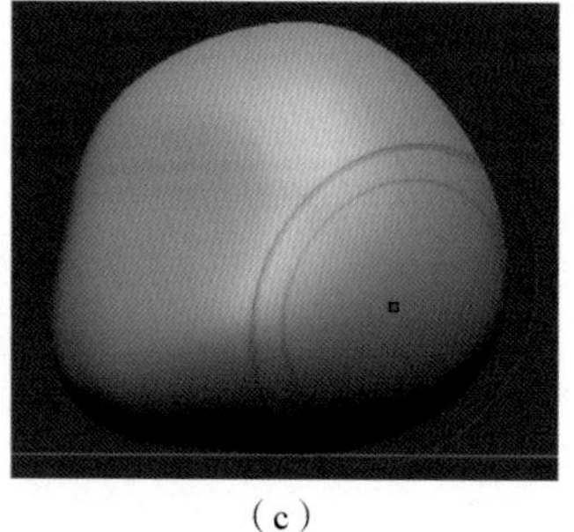

（c）

图 2.2　Move 笔刷调整各角度剪影

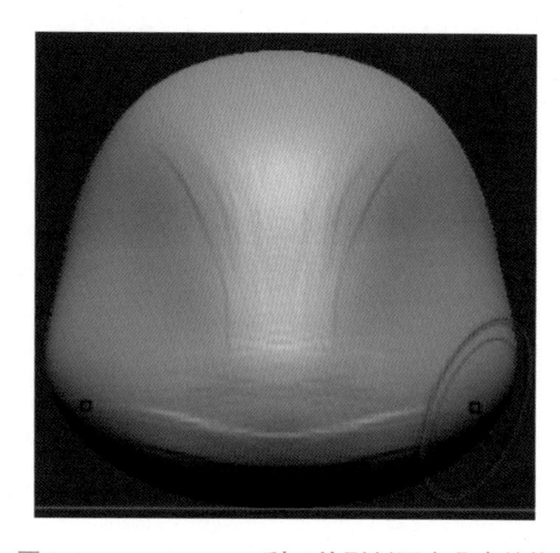

图 2.3　ClayBuildup 刮刀笔刷刻画出凸出结构

④使用 DamStandard 笔刷刻画出唇缝，如图 2.4（a）所示，然后将“Zsub”改为“Zadd”（图 2.4（b）），或者使用快捷键 Alt 反向笔刷属性，让刻刀笔刷的效果变成凸出来。然后刻画眉弓，如图 2.4（c）所示。

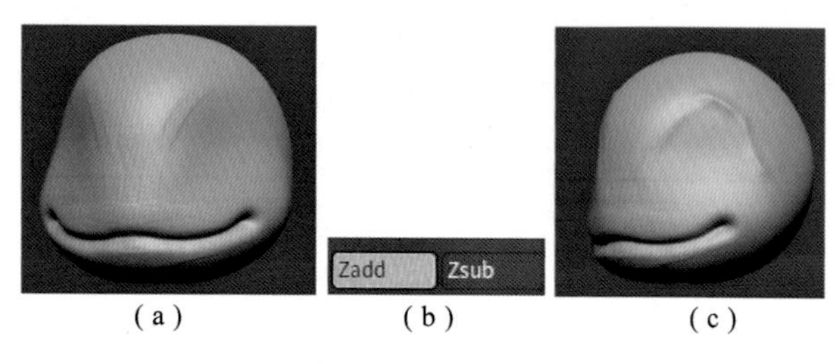

（a）　　（b）　　（c）

图 2.4　DamStandard 笔刷刻画唇缝及眉弓

⑤ClayBuildup 笔刷带出嘴角肌肉，如图 2.5 所示。

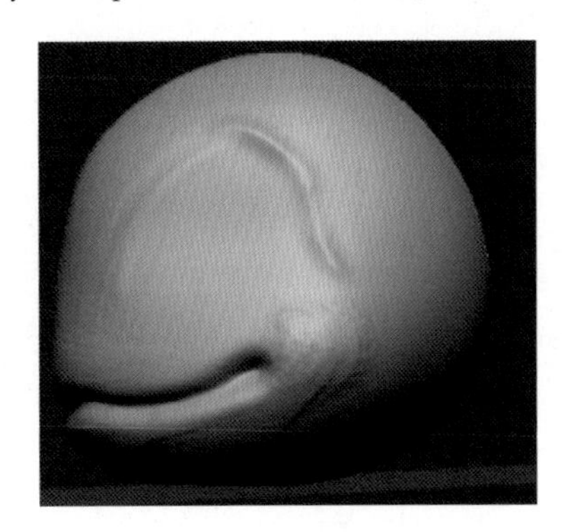

图 2.5 强调嘴角肌肉

⑥ClayBuildup 笔刷丰满下巴结构，如图 2.6（a）所示。然后按住 Shift + 左键模糊一下笔触感，如图 2.6（b）所示。

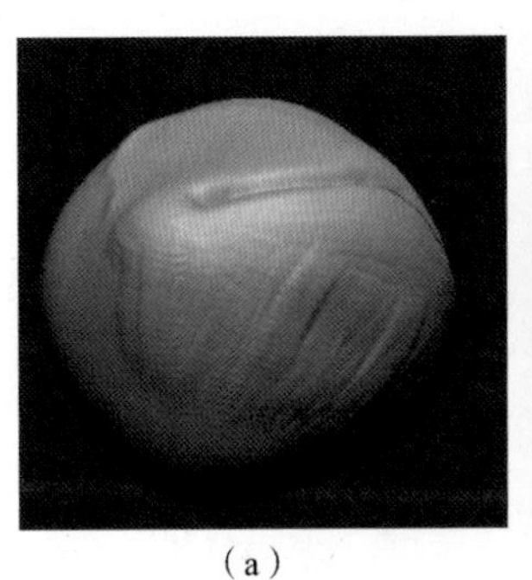

（a）

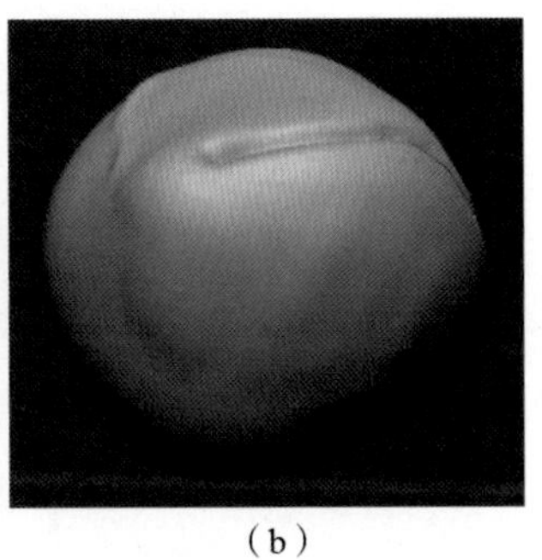

（b）

图 2.6 丰满下巴结构

⑦ClayBuildup 笔刷反向雕刻眼窝，然后丰满一下唇部，如图 2.7 所示。

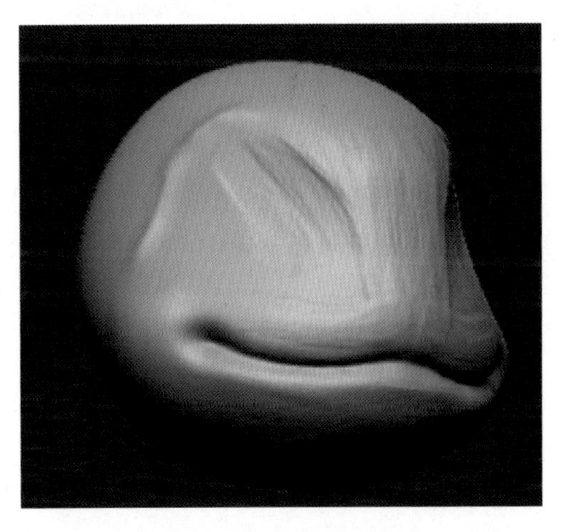

图 2.7 雕刻眼窝和嘴唇

⑧DamStandard 笔刷强调鼻梁边界和上嘴唇，并平滑，如图 2.8 所示。

⑨ClayBuildup 笔刷反向加宽、加深嘴部，如图 2.9 所示。

⑩ClayBuildup 笔刷丰满下唇，如图 2.10 所示。

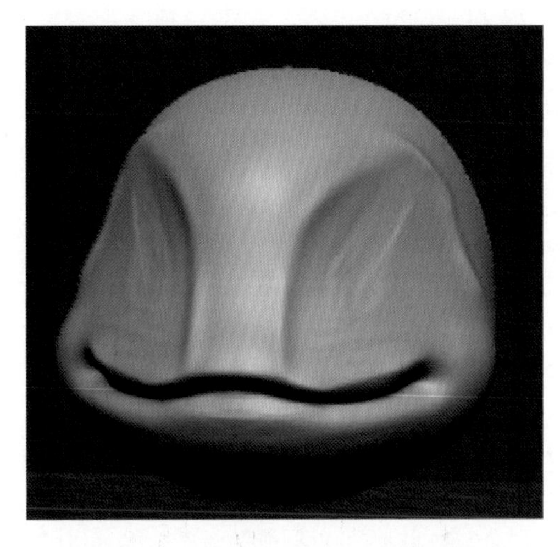

图 2.8 强调鼻梁边界及上嘴唇结构

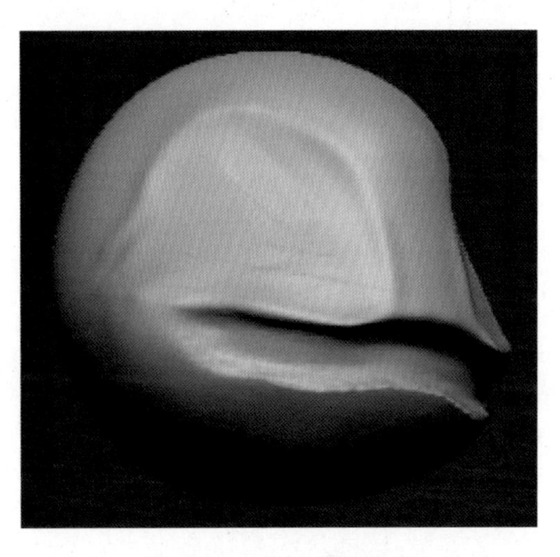

图 2.9 加宽、加深嘴部

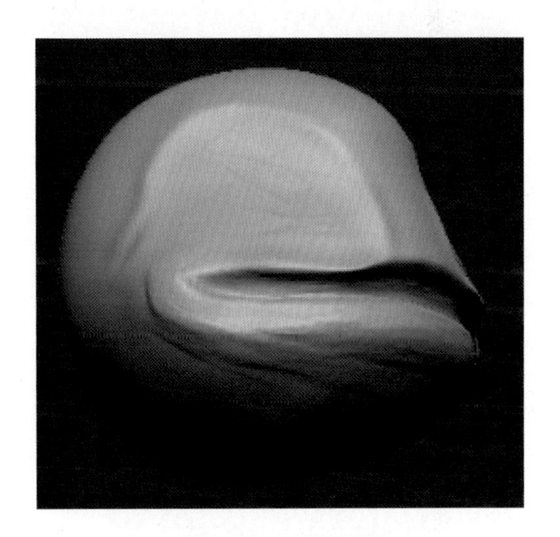

图 2.10 丰满下唇

⑪Move 笔刷调整正视图及侧视图效果，如图 2.11 所示。

⑫ClayBuildup 笔刷反向刮出眼窝的深度并平滑，如图 2.12 所示。

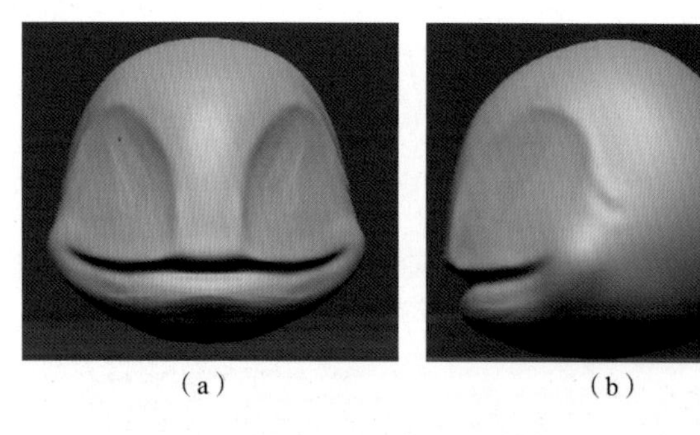

（a）　（b）

图 2.11　调整多角度剪影

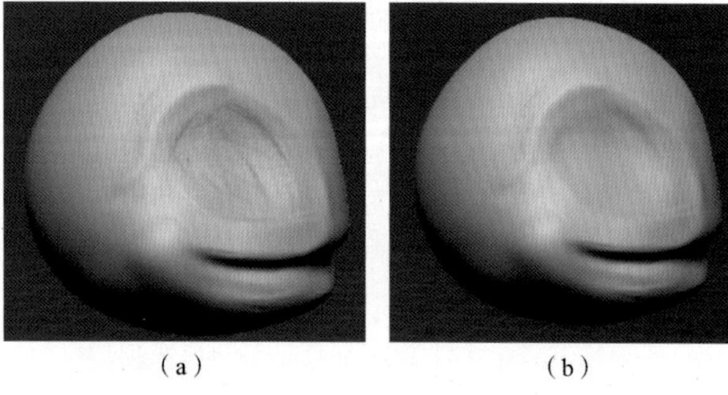

（a）　（b）

图 2.12　塑造眼窝深度并平滑

⑬ClayBuildup 配合 Move 双笔刷调整嘴角形态，如图 2.13 所示。

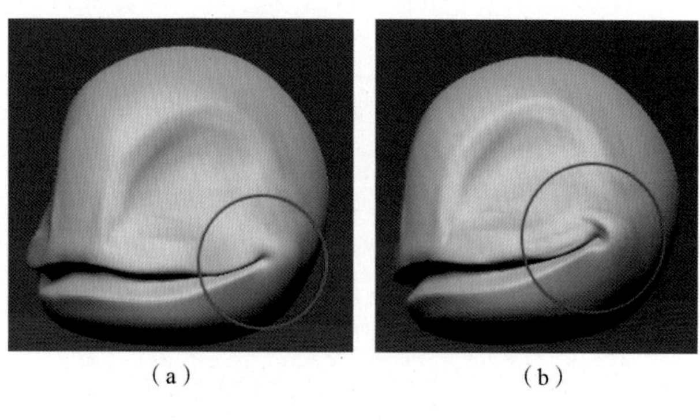

（a）　（b）

图 2.13　调整嘴角形态

⑭DamStandard 笔刷塑造并强调眼窝及眉弓，如图 2.14 所示。

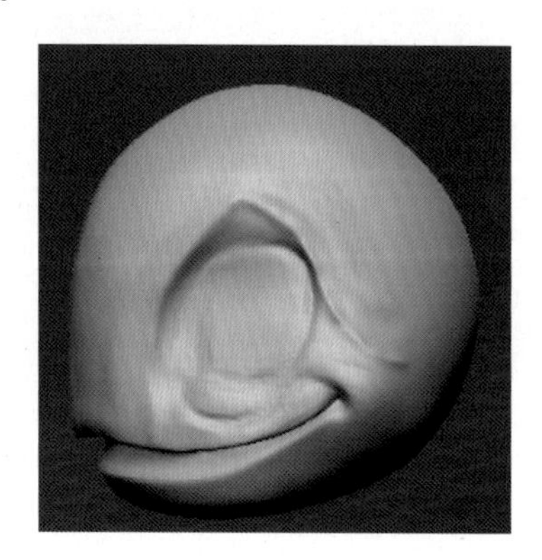

图 2.14　强调眼窝及眉弓

⑮ClayBuildup 带出顶部凸起结构，如图 2.15（a）所示；平滑，如图 2.15（b）所示。

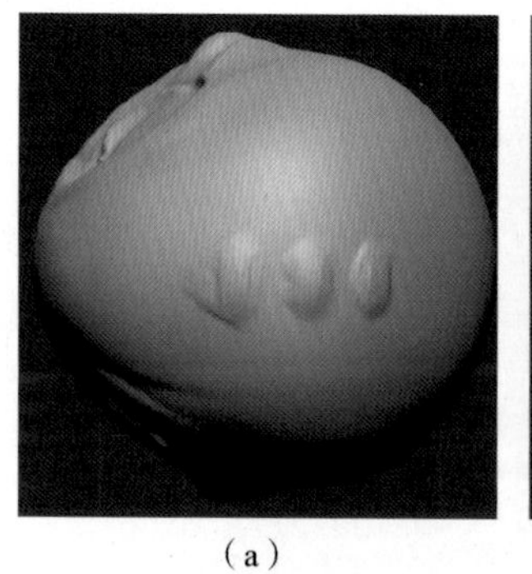

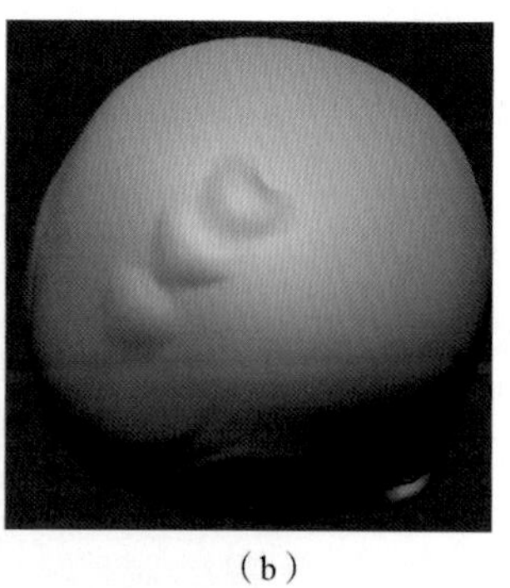

（a）　（b）

图 2.15　带出顶部凸起并平滑

⑯DamStandard 笔刷强调凸起结构，如图 2.16 所示。

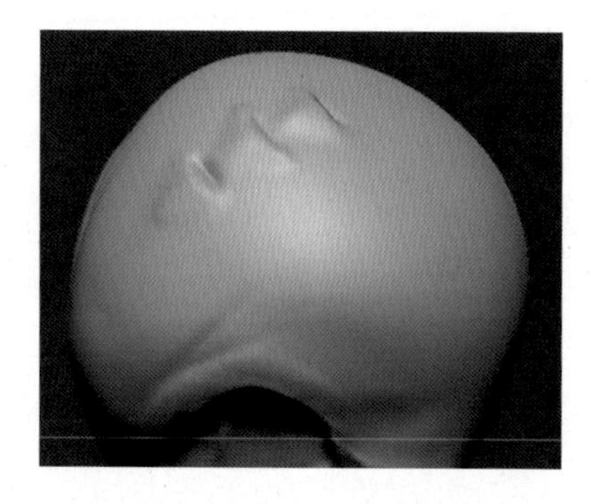

图 2.16　强调凸起结构

⑰Move 笔刷从头部侧面拉起凸起结构效果，如图 2.17 所示。

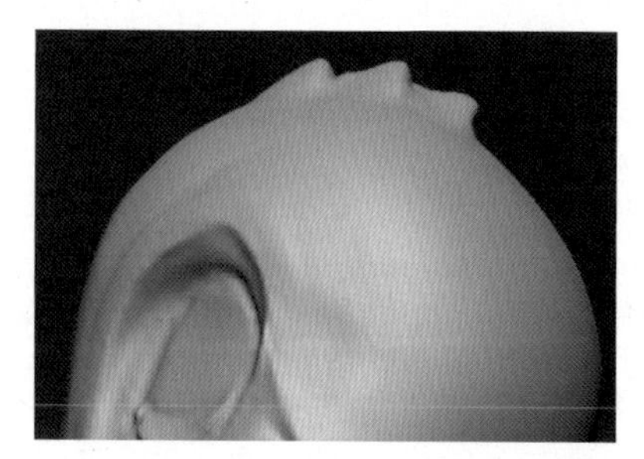

图 2.17　拉起凸起结构

⑱DamStandard 笔刷增强效果，突出立体感，如图 2.18 所示。

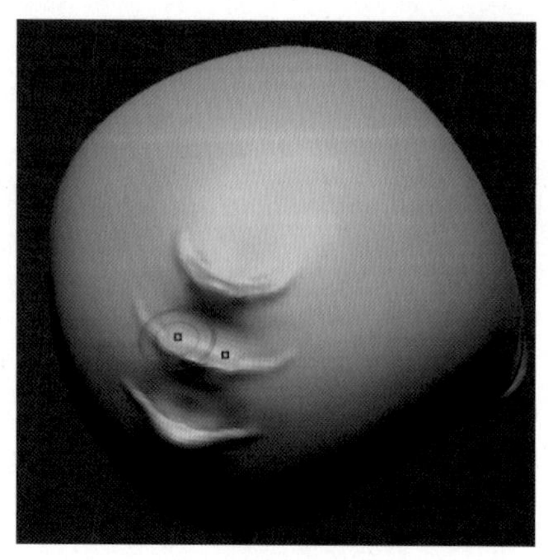

图 2.18　增强立体感效果

※ 2.2 头部触手制作

①追加一个球体，如图2.19（a）所示。打开透明模式，如图2.19（b）所示。然后按快捷键E，转为缩放命令，如图2.19（c）所示。控制Z轴的单轴向从侧面缩放球体，如图2.19（d）所示。

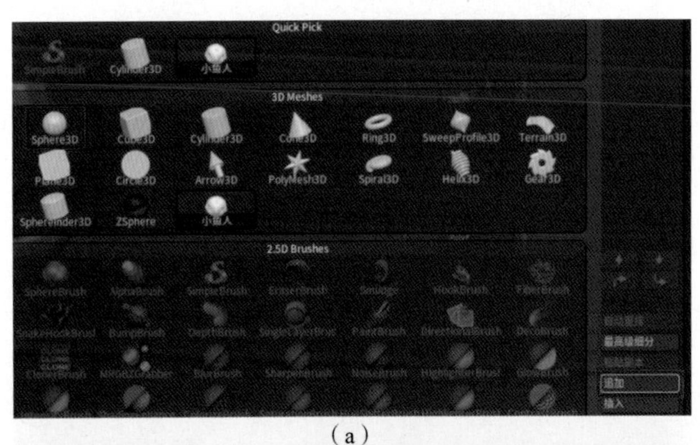

（a）

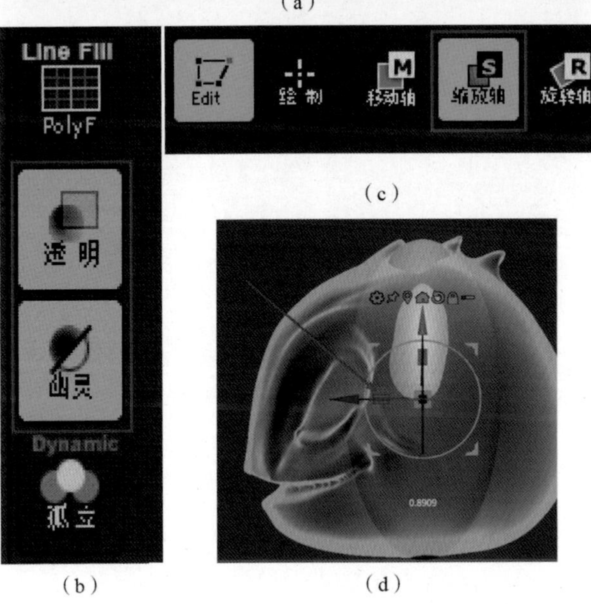

（b）（c）（d）

图2.19 追加球体并压缩

②使用同样的方式步骤，缩放前视图的球体，如图2.20所示。

③将其缩放旋转至合适位置，如图2.21所示。

④Move笔刷调整触手多角度的弧度，完善剪影，如图2.22所示。

⑤此时可以看到球体已经过度拉扯，不均的网格不适合加级别细化雕刻，需要均匀它的布线。使用“几何体编辑”菜单中的“Dynamesh”动态网格命令，选择合适的分辨率对触手重新布线，如图2.23所示。

⑥DamStandard笔刷反向雕刻凸起结构，如图2.24所示。

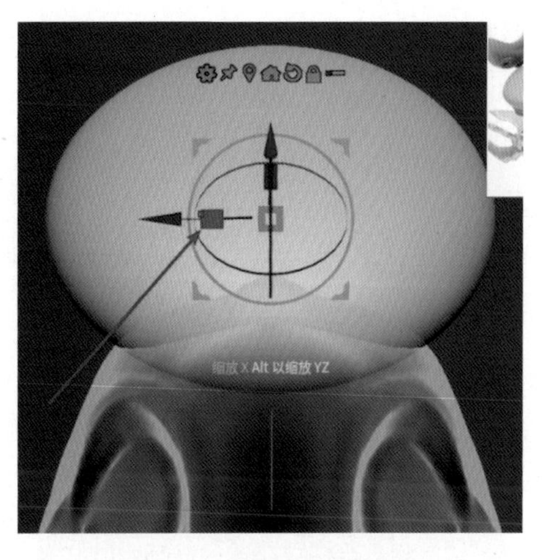

图2.20 缩放前视图的球体

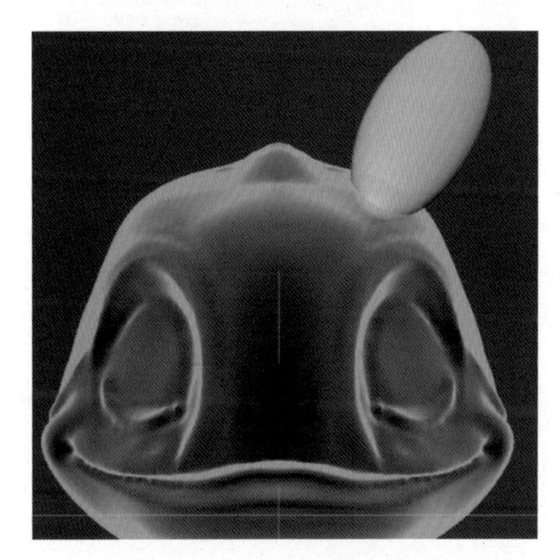

图2.21 旋转至正确的位置

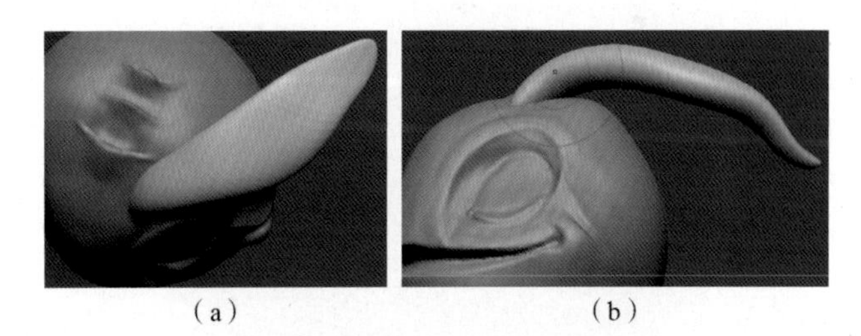
（a）（b）

图2.22 多角度调整触手剪影结构

图2.23 重新布线触手

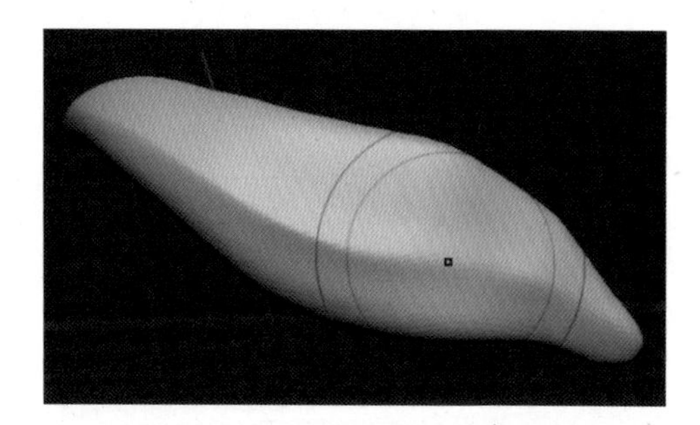

图 2.24　反向雕刻凸起结构

⑦ClayBuildup 笔刷反向在触手内部向内雕刻凹槽，如图 2.25 所示。

图 2.25　雕刻凹槽

⑧ClayBuildup 笔刷先带出触手上吸盘的大型，如图 2.26 所示。

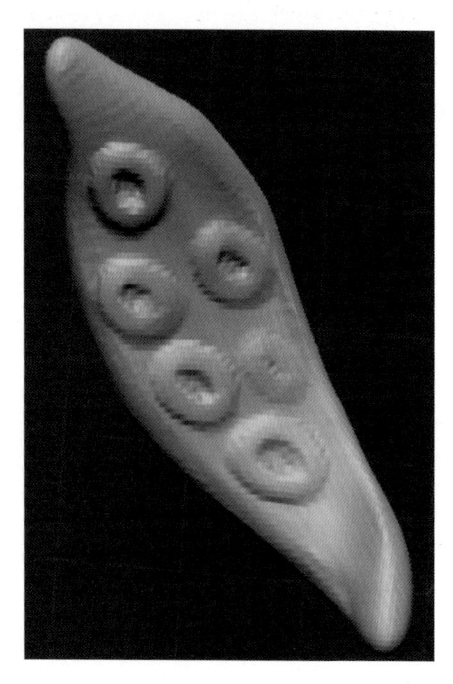

图 2.26　刮刀带出吸盘大型

⑨DamStandard 笔刷强调吸盘结构，如图 2.27 所示。

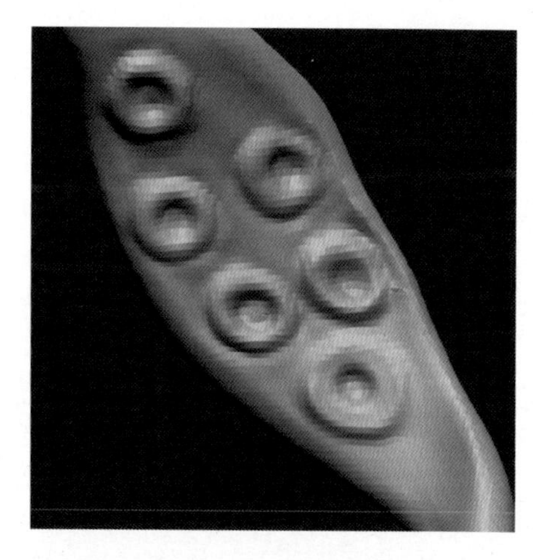

图 2.27　强调吸盘结构

⑩细分网格至 2 级，ClayBuildup 配合 DamStandard 双笔刷再次强调吸盘结构，更细节、更立体，如图 2.28 所示。

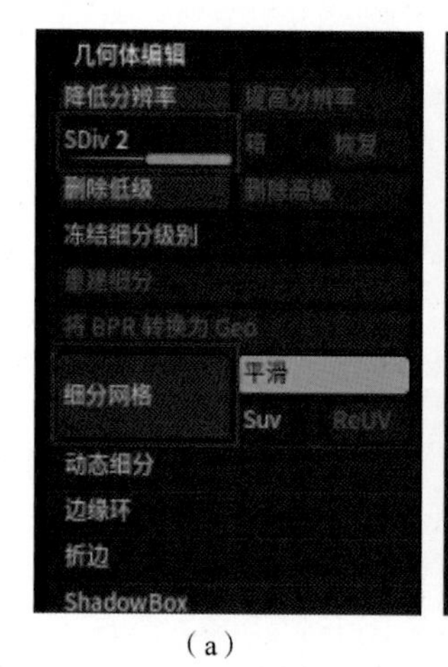

(a)

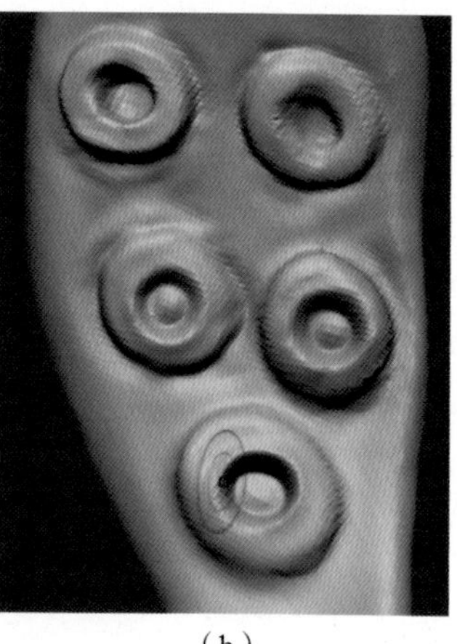

(b)

图 2.28　双笔刷强调吸盘结构

⑪复制触手图层，并摆至合适位置，如图 2.29 所示。

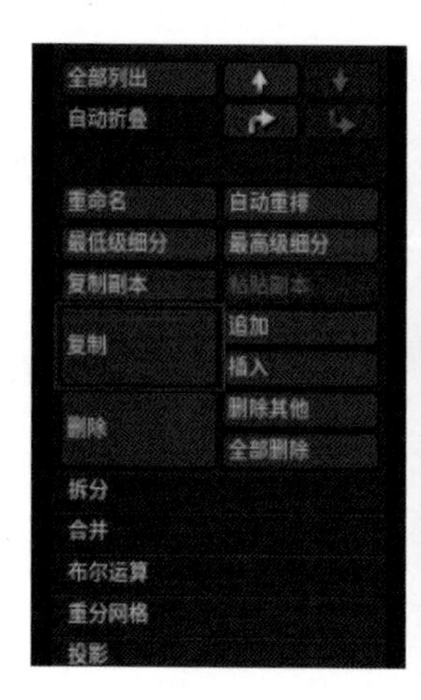

(a)

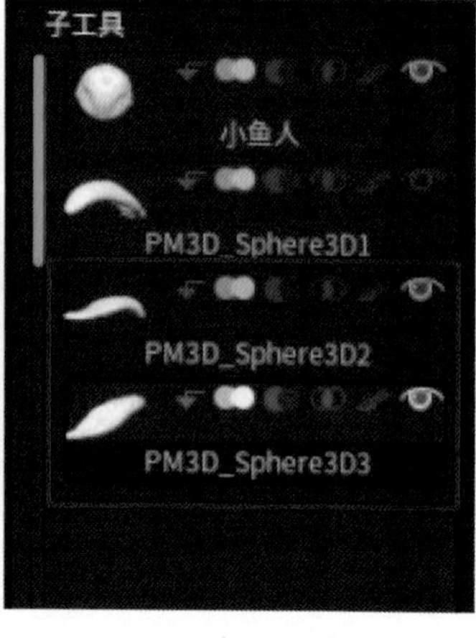

(b)

图 2.29　复制图层并摆至合适位置

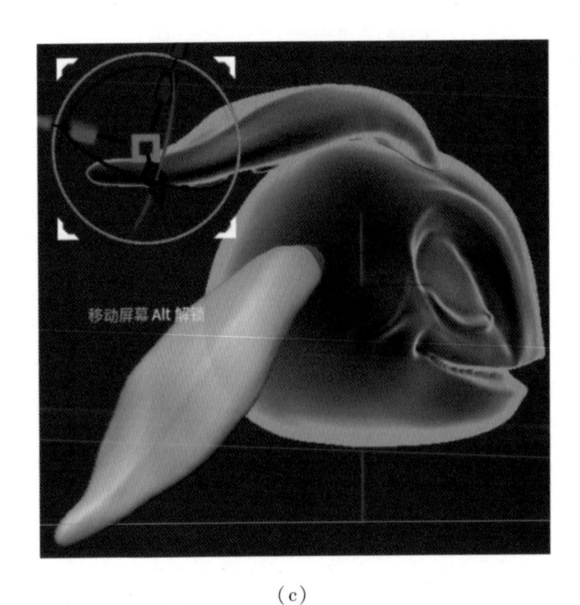

(c)

图 2.29 复制图层并摆至合适位置（续）

⑫Move 笔刷调整复制触手的多角度形态，如图 2.30 所示。

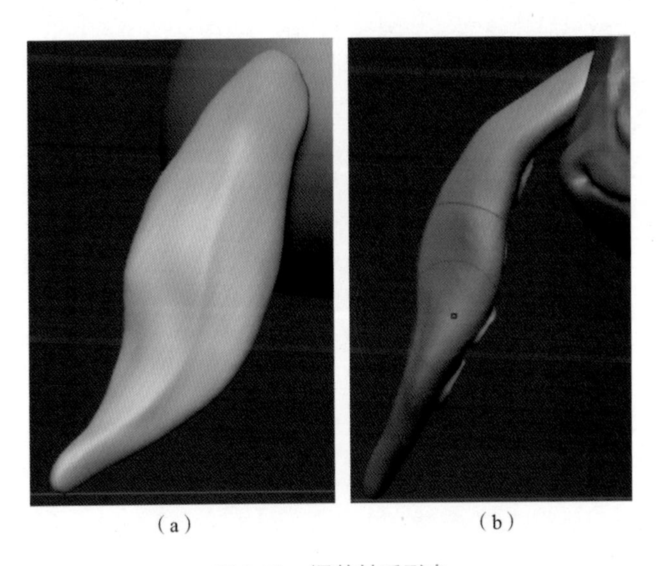

(a) (b)

图 2.30 调整触手形态

⑬调整形态后的触手上的吸盘已经扭曲，需要使用平滑功能将其抹平，如图 2.31 所示。

⑭再次复制图层，制作第三只触手，如图 2.32 所示。

⑮使用相同的步骤方式再给调整好的触手雕刻吸盘，如图 2.33 所示。

⑯选择三个触手中最上方的一只，使用“向下合并”命令合并三只触手，如图 2.34 所示。

⑰合并触手和头部，如图 2.35 所示。

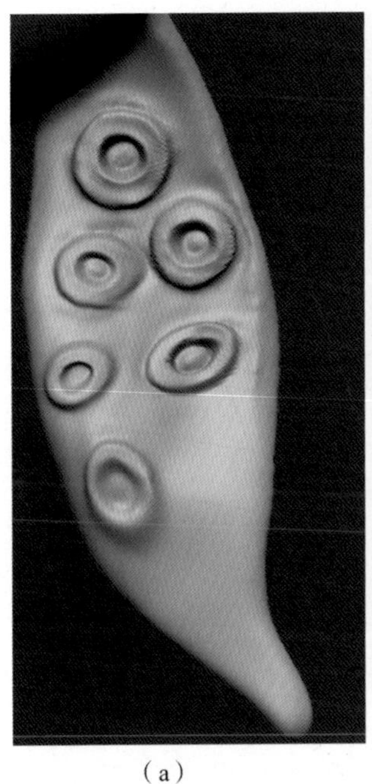

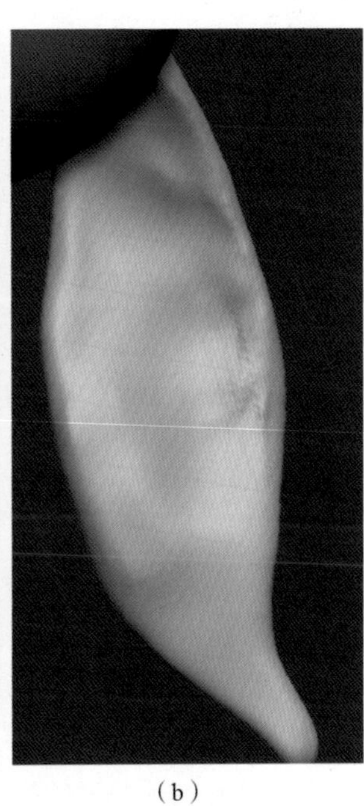

(a) (b)

图 2.31 抹平扭曲的吸盘

图 2.32 复制第三只触手

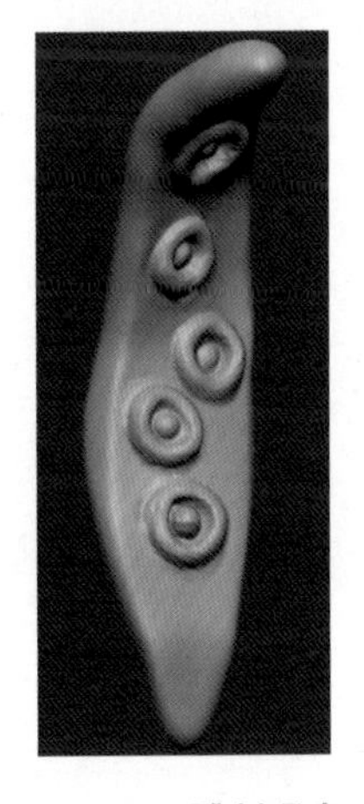

图 2.33 雕刻吸盘

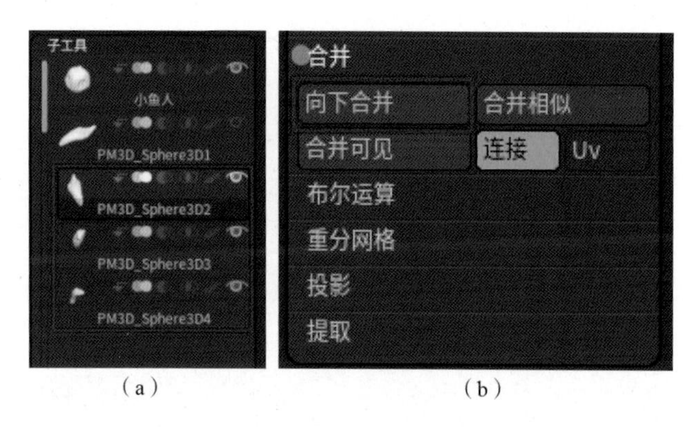

（a）　　（b）

图 2.34　合并三只触手

⑱合并完图层后，它们仅仅是合在一个图层中，并不是一个整体，需要使用“动态网格”对两个物体进行融合，如图 2.36 所示。

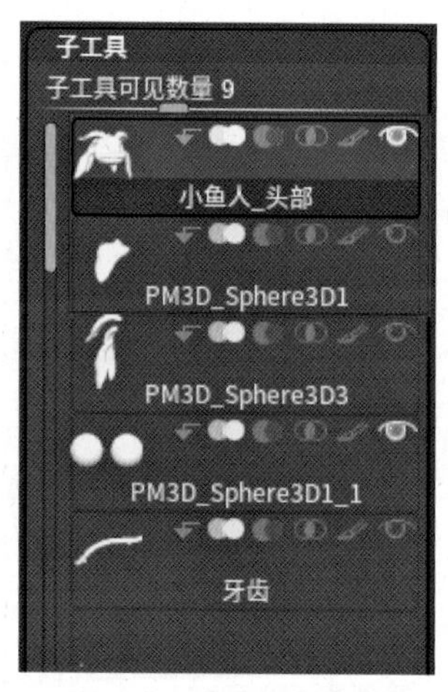

图 2.35　合并触手与头部

⑲使用 ClayBuildup 笔刷填补衔接部分，过渡效果如图 2.37 所示。

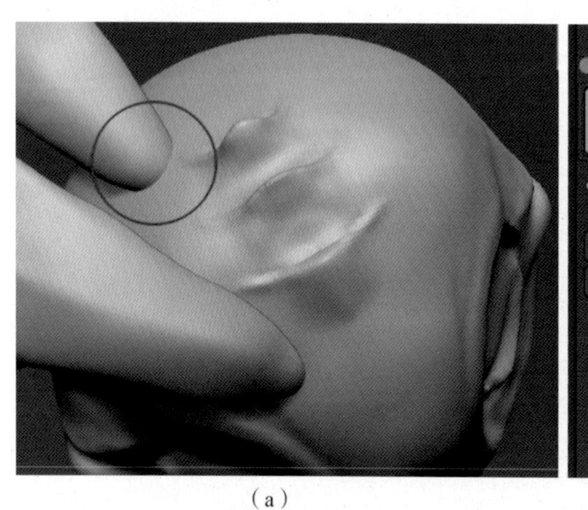

（a）

（b）

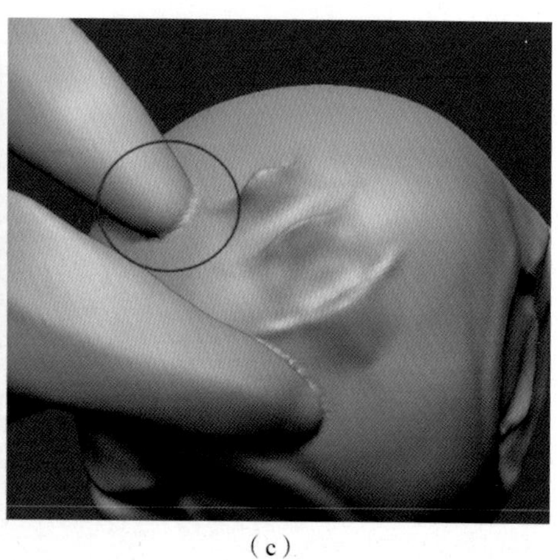

（c）

图 2.36　融合两个物体

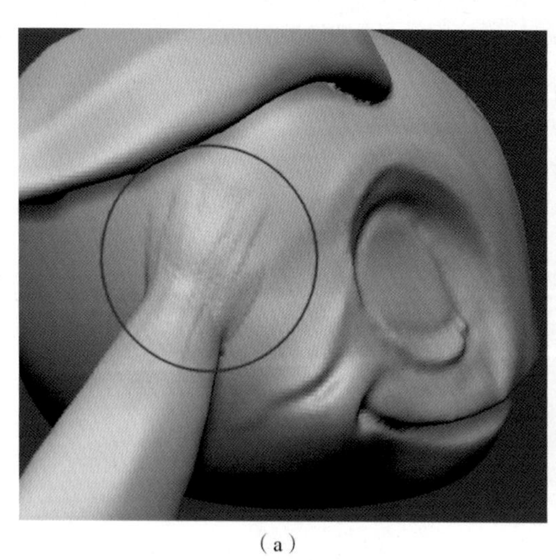

（a）

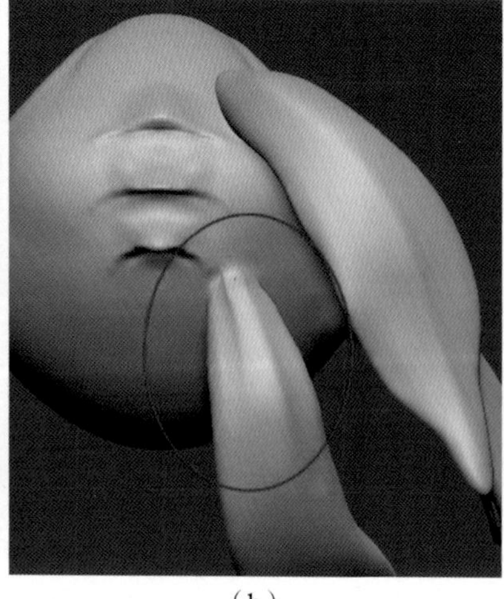

（b）

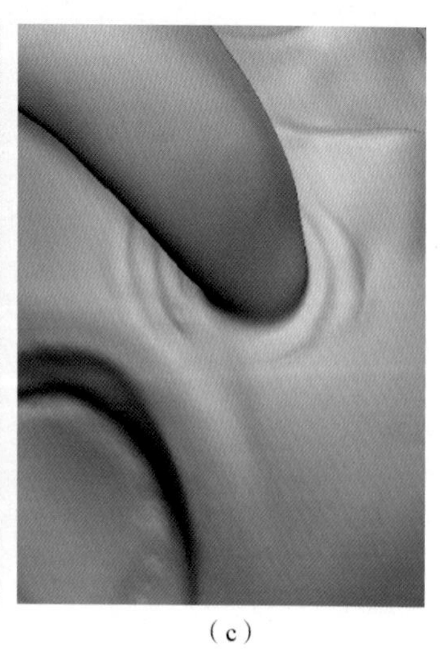

（c）

图 2.37　过渡衔接结构

⑳ClayBuildup 笔刷雕刻触手凸起结构，如图 2.38 所示。

㉑追加一个新球体作为眼球，并摆放至合适位置，如图 2.39 所示。

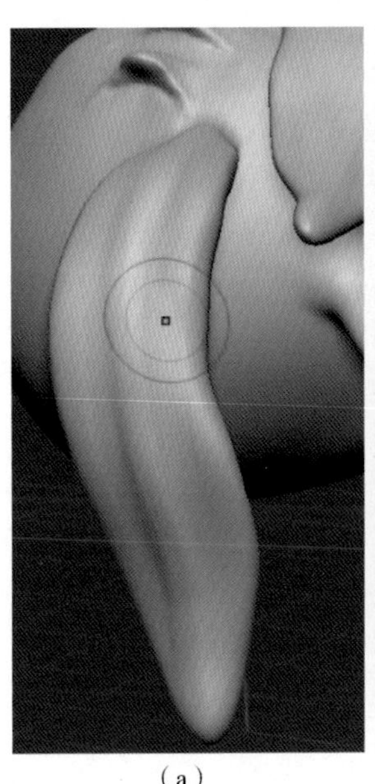
(a)

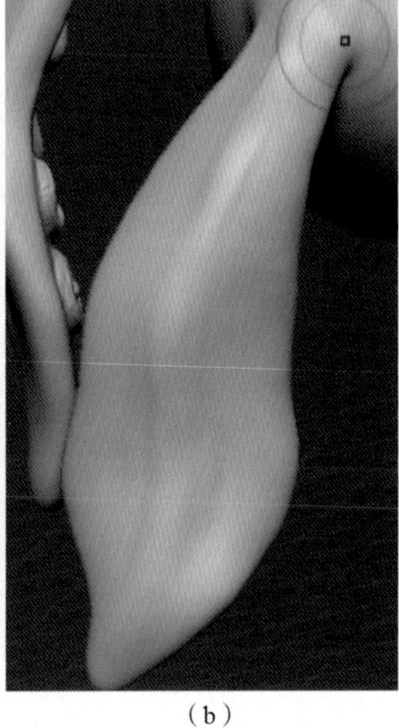
(b)

图 2.38 雕刻凸起结构

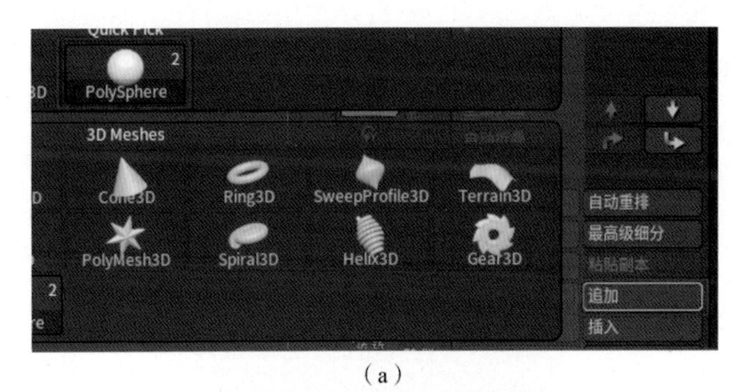

(a)

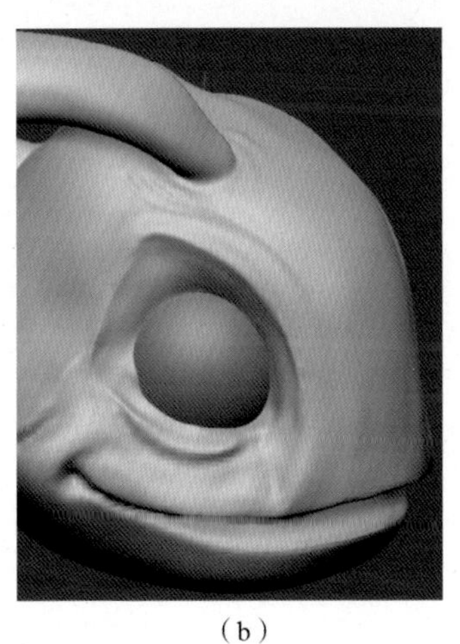
(b)

图 2.39 追加眼球

※ 2.3 头部细节塑造

①ClayBuildup 笔刷堆出下眼睑结构，如图 2.40（a）所示，再用 DamStandard 笔刷刻画、ClayBuildup 笔刷带出结构的边界，强调结构，增强立体感，如图 2.40（b）所示。

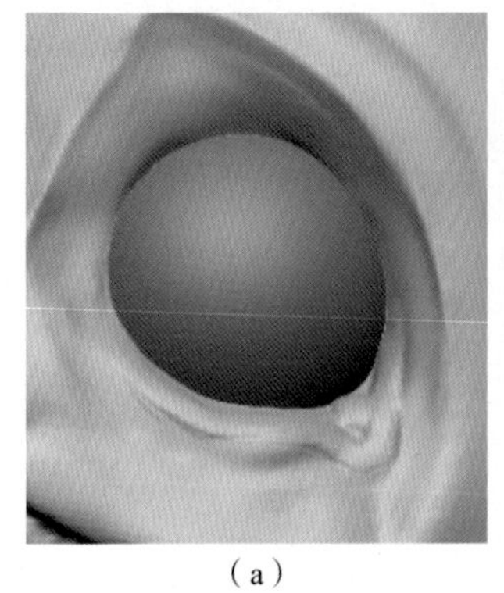
(a)

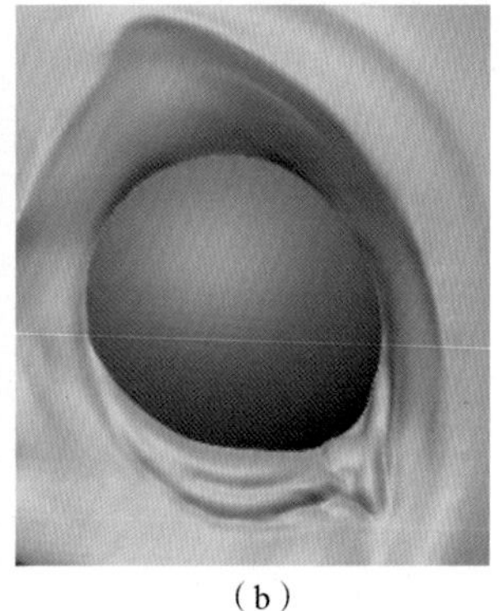
(b)

图 2.40 笔刷雕刻下眼睑

②DamStandard 笔刷再塑造一下上眼睑，如图 2.41 所示。

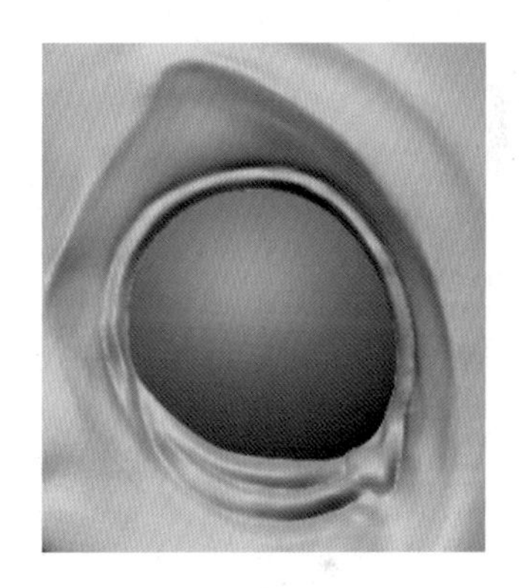

图 2.41 刻刀雕刻上眼睑

③DamStandard 笔刷强调眼眶周围凸起结构，包括眉弓、鼻梁边界，如图 2.42 所示。

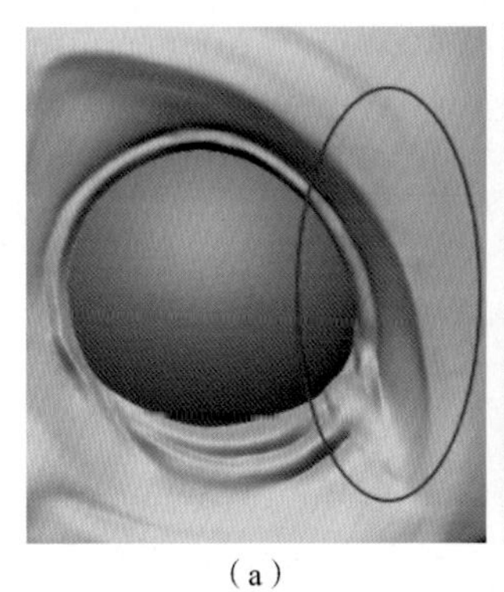
(a)

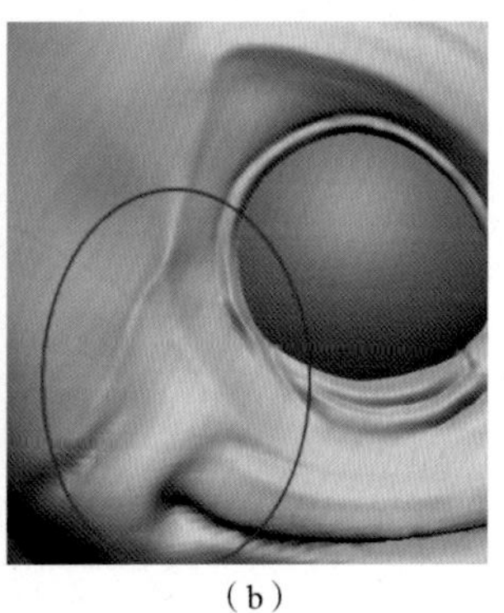
(b)

图 2.42 刻刀强调眼眶

④DamStandard 笔刷强调结构立体感，如图 2.43 所示。

⑤DamStandard 笔刷强调嘴唇结构立体感，如图 2.44 所示，完成最终效果。

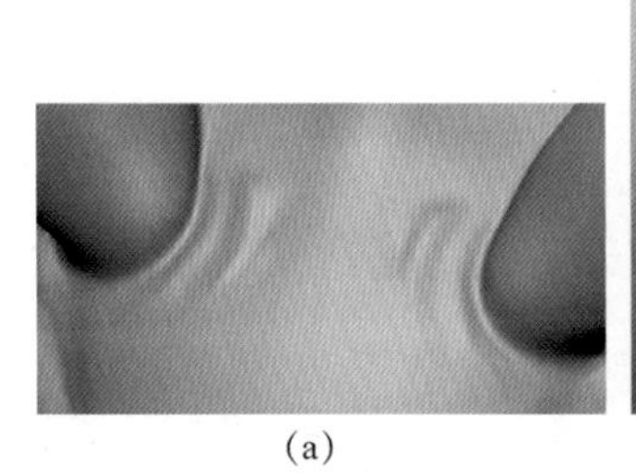
(a)

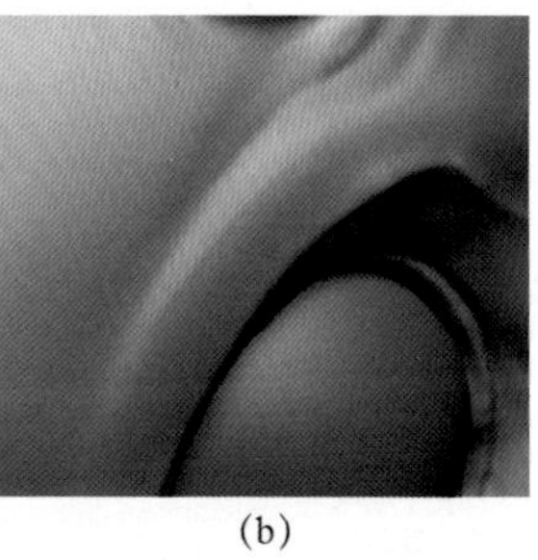
(b)

图 2.43　强调结构立体感

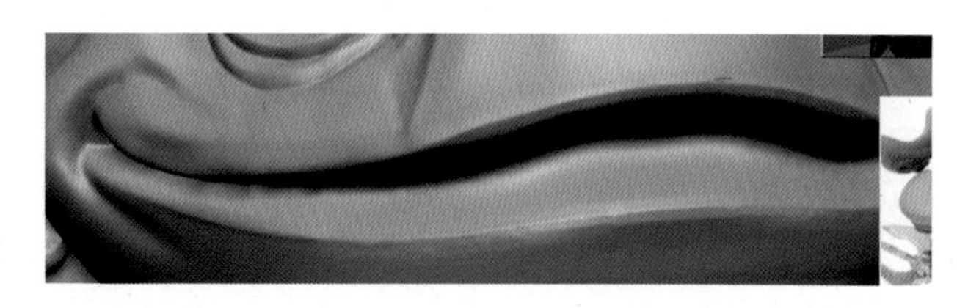

图 2.44　强调嘴唇立体感

第 3 章
狗头雕刻实战

本章讲解一个狗头的雕刻，详细讲解传统 **ZBrush** 雕刻技法和动物表面纹理雕刻技法，使学员熟悉经典的 **ZBrush** 雕刻技法在工作流程中的运用。

学习目标

★ 了解 **ZBrush** 雕刻制作流程。
★ 了解 **ZBrush** 常用工具栏。
★ 掌握 **ZBrush** 常用笔刷的基本操作。
★ 掌握 **ZBrush** 雕刻的细节塑造。

※ 3.1 Move 笔刷、遮罩及 Dynamesh 的应用雕刻头部大型

在开始制作 3D 项目之前，提前做好规划设计是非常必要的环节，比如绘制设计稿或者查找参考图片等工作，这样有助于了解与选择合适的对象，以便提高工作效率。挑选一张狗头的参考图进行制作。首先截图放到桌面，以便在雕刻过程中进行参考。

①在开始雕刻狗头之前，要把界面调到自己常用的界面，如图 3.1 所示，并把不常用的笔刷切换成自己常用的笔刷，如图 3.2 所示。

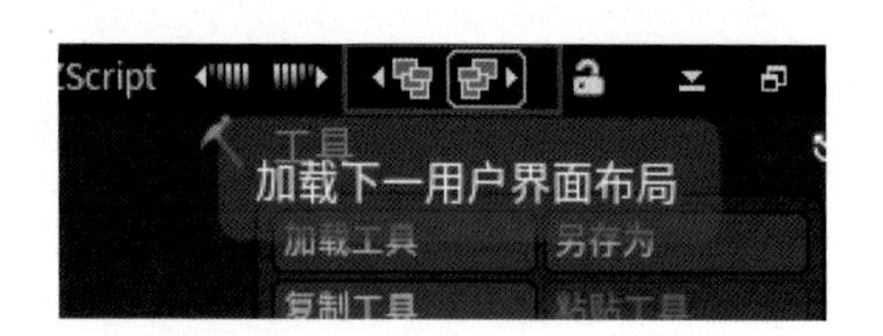

图 3.1　切换界面布局

图 3.2　切换常用笔刷

②先用截图工具，把参考图截下来并调整到合适的大小，如图 3.3 所示，观察参考图中狗头的型体及表情特征。

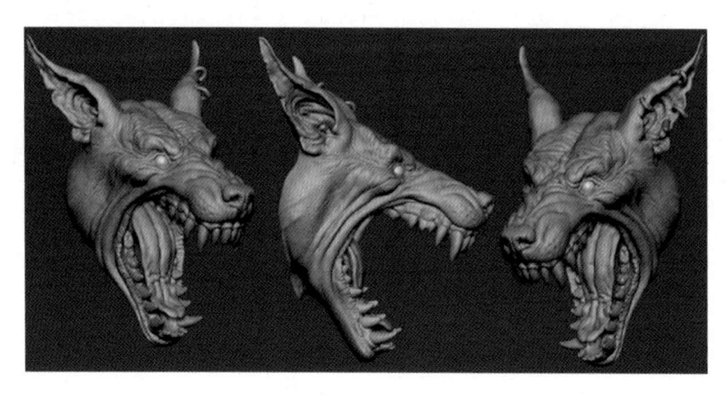

图 3.3　狗头参考图

③观察完之后，就可以着手绘制模型了。在绘制大概型体时，经常使用 Move 笔刷。先用 Move 笔刷把嘴巴部位拉出来，如图 3.4 所示。

(a)

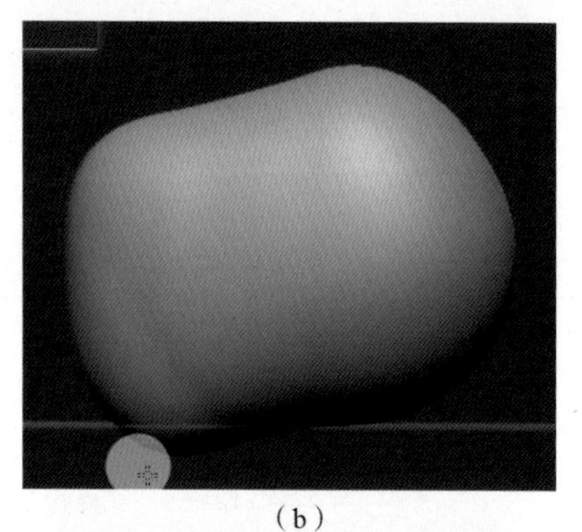

(b)

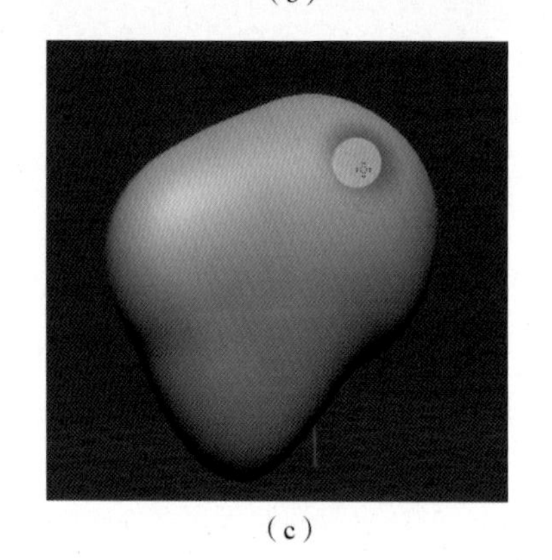

(c)

图 3.4　狗头大型雕刻

④现在开始拉出狗头的耳朵部位。这就需要使用遮罩命令，按住 Ctrl 键绘制出遮罩的部分，如图 3.5 (a) 所示。然后按住 Ctrl 键并单击空白区域完成反选，如图 3.5 (b) 所示。遮罩完成。

⑤使用 Move 笔刷把狗头耳朵部位拉出来，然后调整大型，如图 3.6 所示。

⑥用 Move 笔刷把耳朵拉出来之后，模型的布线明显变得不均匀了。使用 Dynamesh 命令重新给模型布线。然后用模糊笔刷模糊一下，让模型更美观一些，如图 3.7 所示。

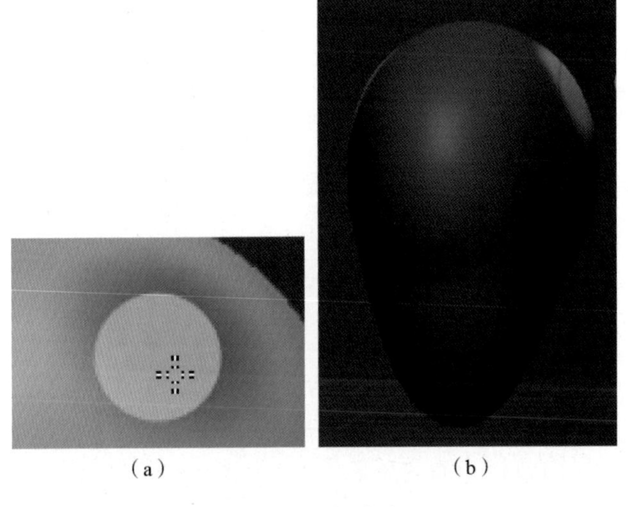
(a) (b)

图 3.5 遮罩命令

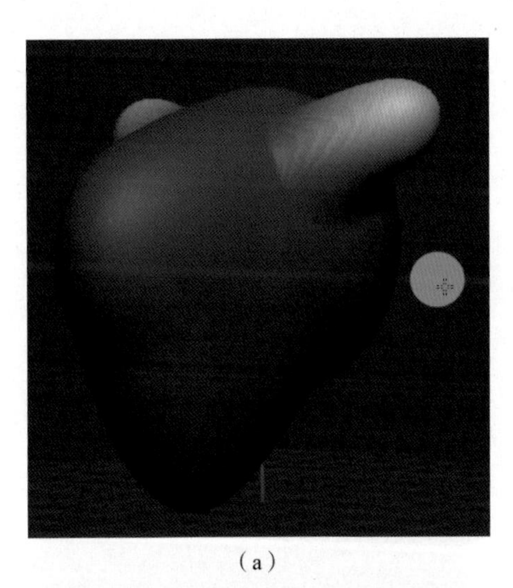
(a)

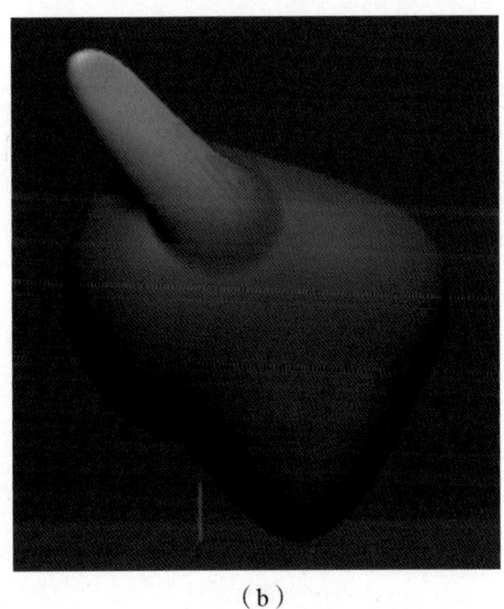
(b)

图 3.6 调整耳朵

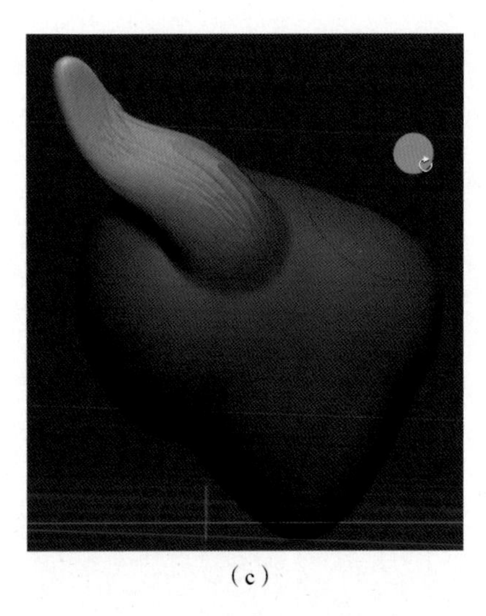
(c)

图 3.6 调整耳朵（续）

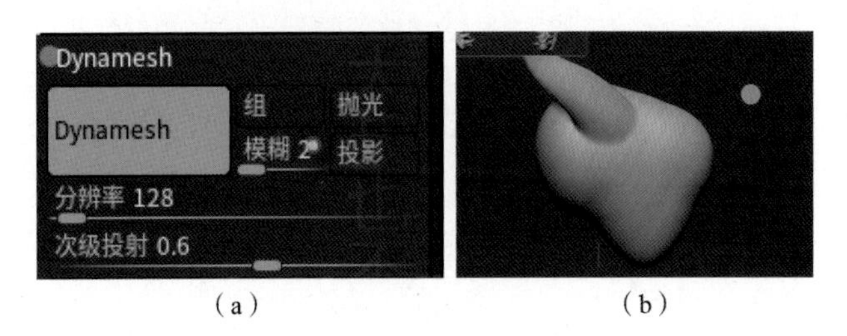

(a) (b)

图 3.7 重新布线

※ 3.2 ClayBuildup 笔刷雕刻脸部大型

①用 Move 笔刷拉完大型之后，利用 ClayBuildup 笔刷把狗头嘴部结构雕刻出来。雕刻完成后，布线又变得不规整，继续使用 Dynamesh 命令重新布线，如图 3.8 所示。

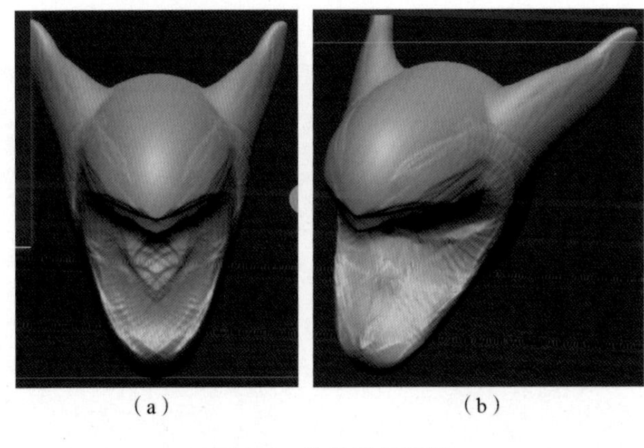
(a) (b)

图 3.8 狗头嘴部雕刻

②顺着嘴部结构，使用 ClayBuildup 笔刷雕刻鼻子位置，同时使用 Move 笔刷调整鼻子的长度，如图 3.9 所示。在雕刻模型的时候，不可能一步操作就使模型拉到最准确的型体，都是要一边刻画一边调整的。

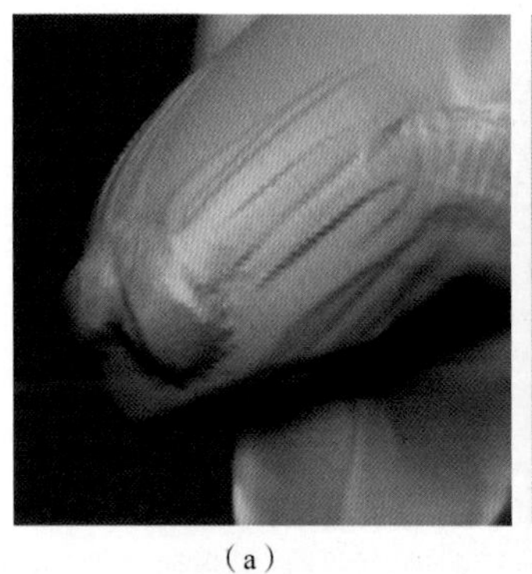

（a）（b）
图 3.9　鼻子部位简单雕刻

③顺着结构加强颧骨、咬肌及头盖骨等部位，如图 3.10 所示。

④在制作完大概的狗头结构之后，按住快捷键 Shift 键模糊笔刷刻痕，然后把耳朵大型雕刻出来，如图 3.11 所示。

⑤大型出来之后，继续根据参考图调整轮廓及结构，如图 3.12 所示。

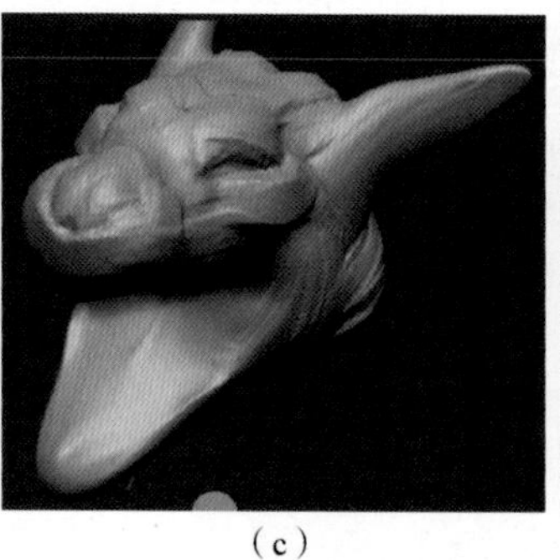
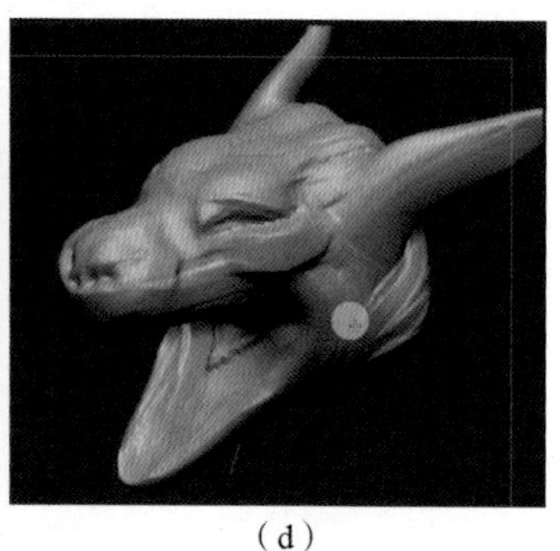
（a）（b）（c）（d）
图 3.10　脸部大型雕刻

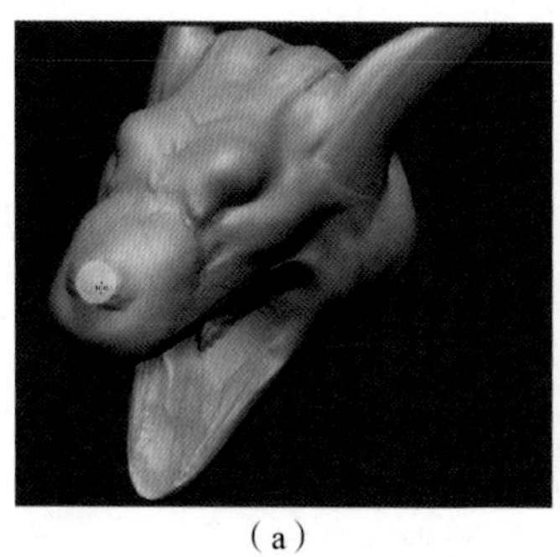

（a）（b）
图 3.11　模糊笔刷

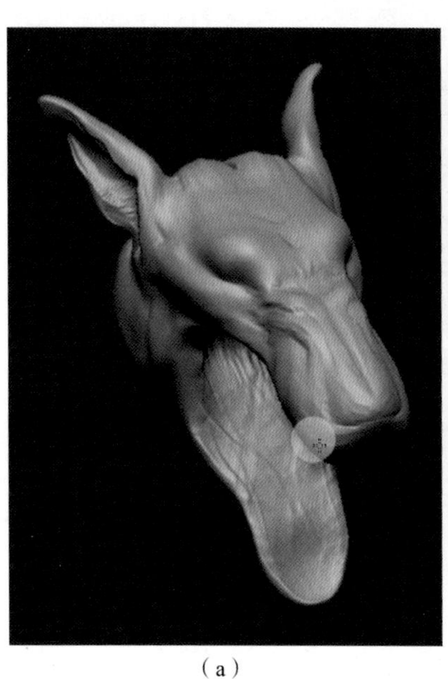
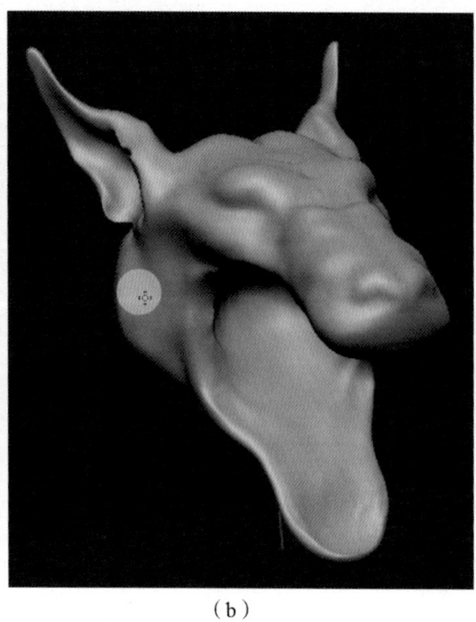
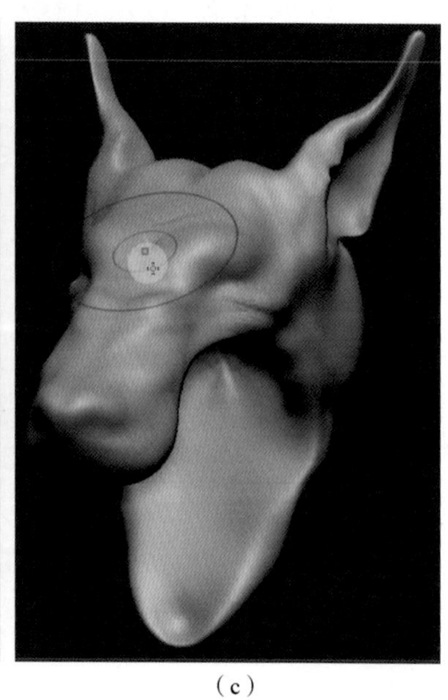
（a）（b）（c）
图 3.12　调整轮廓与结构

⑥大型雕刻完成之后，多角度观察一下是否符合参考图结构标准。然后继续调整。用缩放轴使狗头变宽，如图 3. 13 所示。

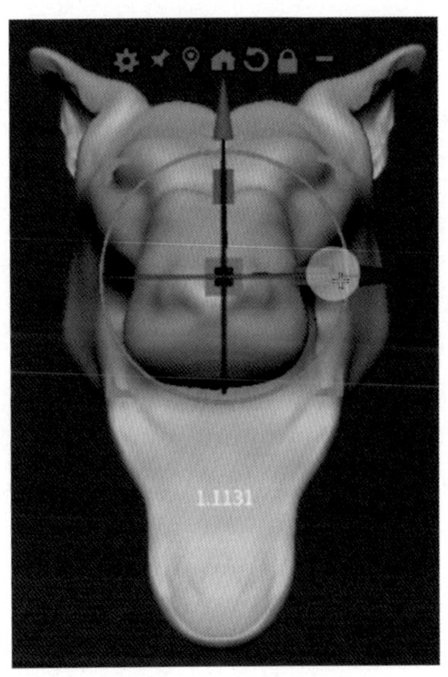

图 3. 13　使狗头变宽

⑦使用 Move 笔刷继续调整耳朵部位，如图 3. 14 所示。

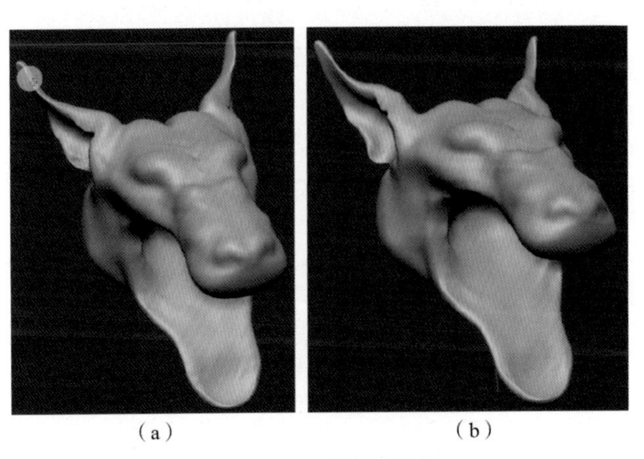

（a）　（b）

图 3. 14　耳朵部位调整

⑧使用 ClayBuildup 笔刷继续雕刻嘴部结构，如图 3. 15 所示。

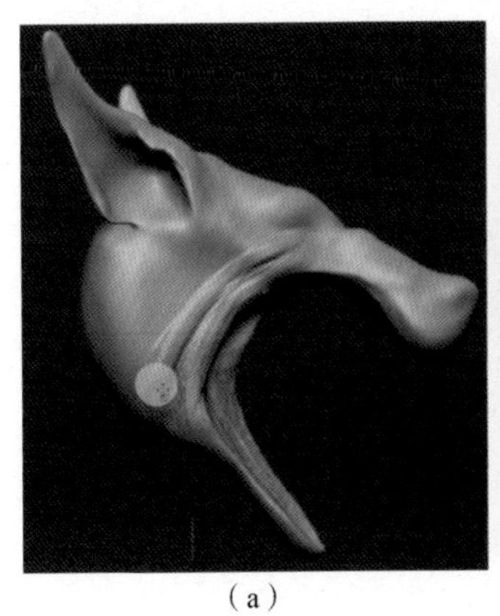

（a）

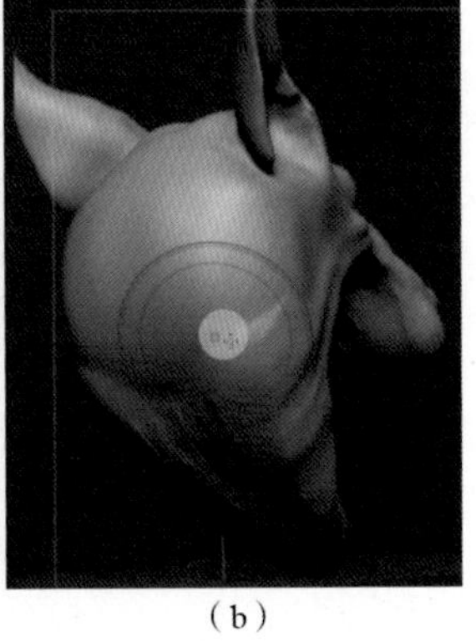

（b）

图 3. 15　嘴部结构雕刻

※ 3. 3　多种笔刷配合深入雕刻（一）

①大型雕刻完成之后，使用 DamStandard 笔刷细化眼睛周围结构，如图 3. 16 所示。

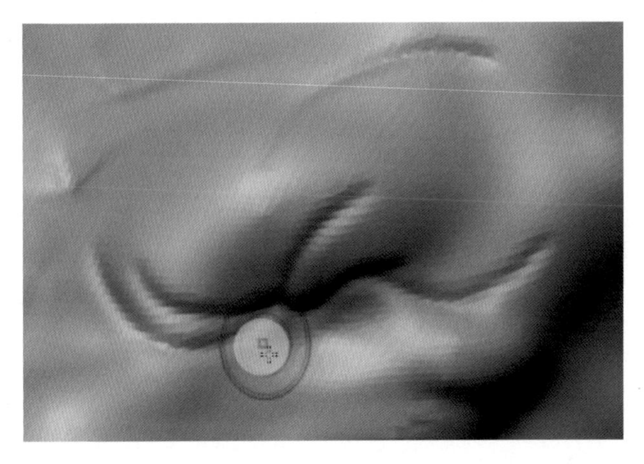

图 3. 16　眼部细节雕刻

②在眼球制作之前，使用 ClayBuildup 笔刷雕刻好眼睛周围位置，把眼眶雕出来，如图 3. 17 所示。

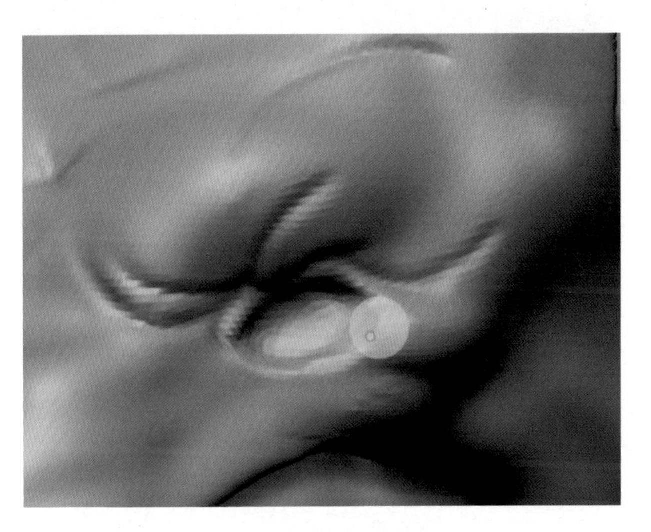

图 3. 17　眼球制作前期

③眼眶刻画完成之后，插入一个圆球模型。缩放到眼睛大小，调整位置使之匹配到眼眶上，如图 3. 18 所示。

④眼球镶上去之后，先不要急着刻画细节，看一下眼睛周围的结构是否符合参考图。

⑤先从颧骨的位置开始雕刻，增加颧骨厚度，使之更符合原图及骨骼结构，如图 3. 19 所示。

⑥颧骨调整完之后，再顺着结构去调整其他部位的结构，比如嘴部、咬肌等部位，如图 3. 20 所示。

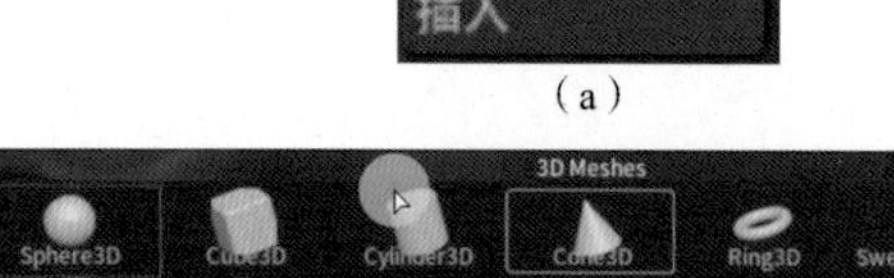

（a）

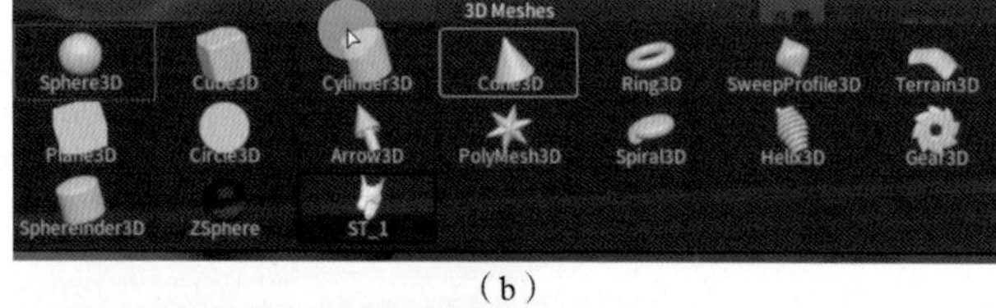

（b）

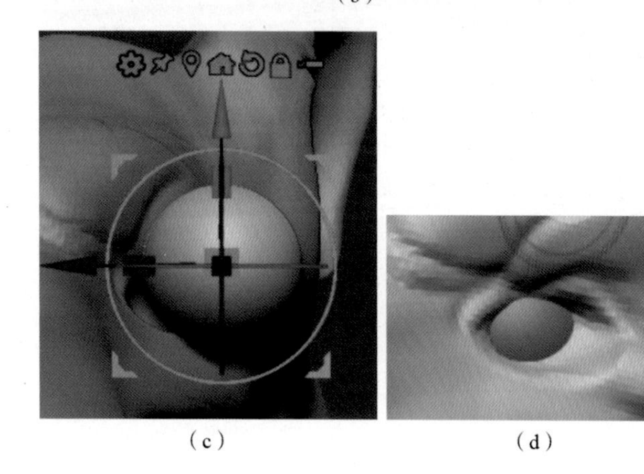

（c）　　（d）

图 3.18　眼睛的制作

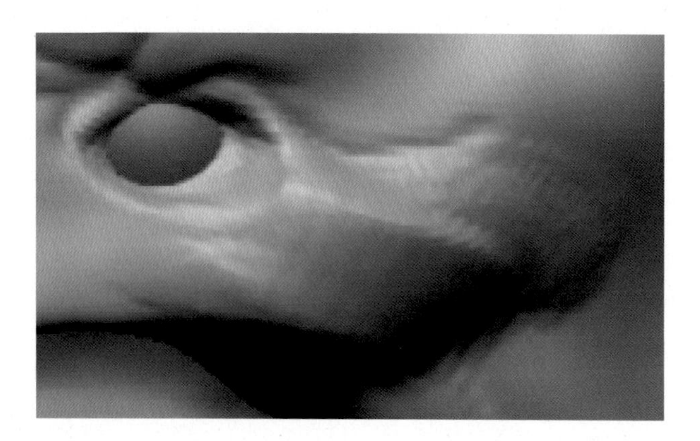

图 3.19　颧骨的调整

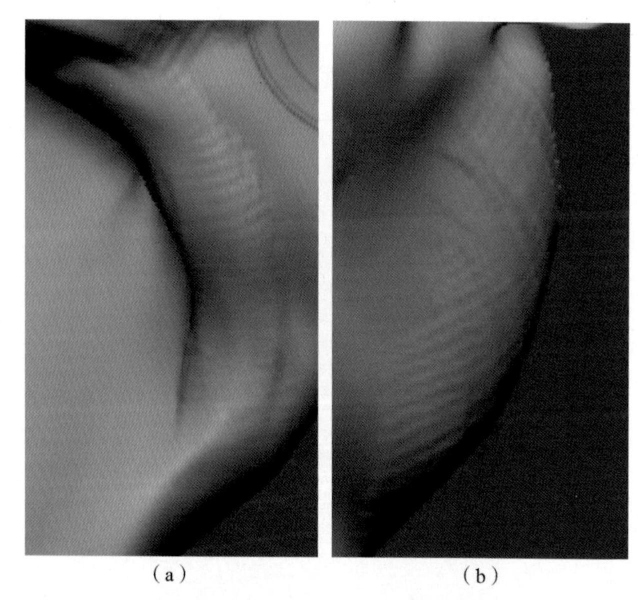

（a）　　（b）

图 3.20　雕刻调整其他部位的结构

⑦使用 Standard 笔刷，把狗头头部的起伏结构表现清楚，如图 3.21 所示。

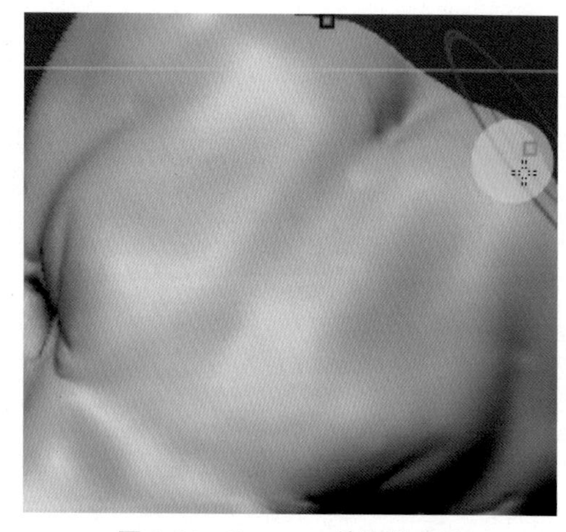

图 3.21　Standard 笔刷的应用

⑧使用 ClayBuildup 笔刷继续细化眼部周围结构，雕刻完成后，用模糊笔刷来模糊笔刷刻痕，如图 3.22 所示。

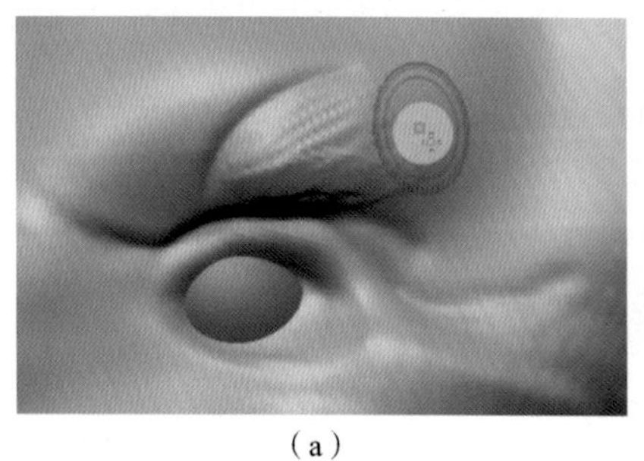

（a）

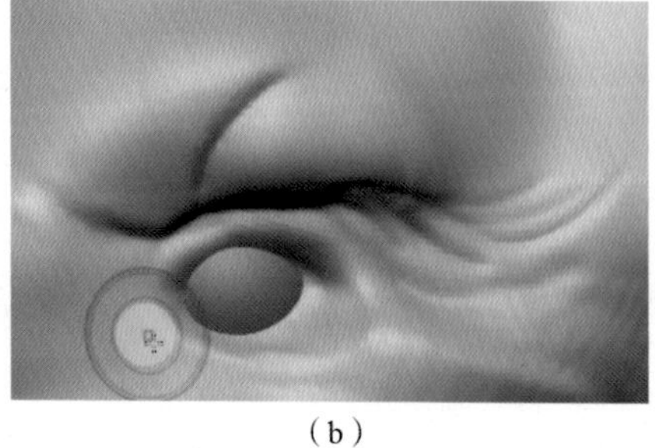

（b）

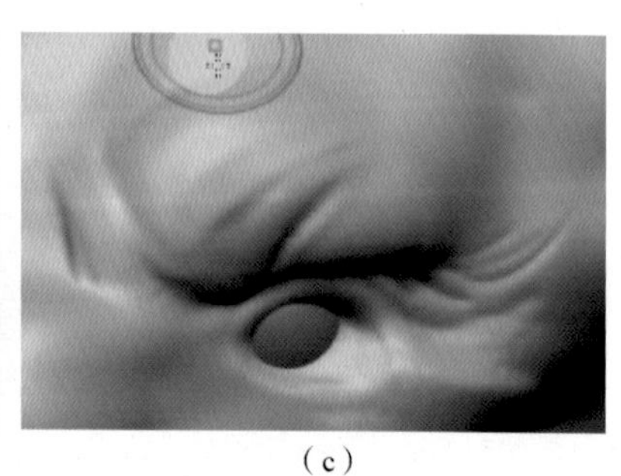

（c）

图 3.22　细节雕刻

⑨眼部细节雕刻到一定程度，不要急着一直深入。雕刻模型与画画一样，需要整体刻画。使用 ClayBuildup 笔刷及 DamStandard 笔刷雕刻细化鼻子部位，如图 3.23 所示。

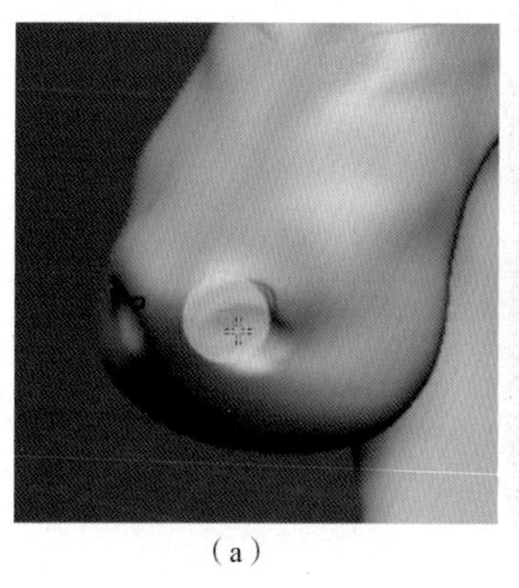
(a)
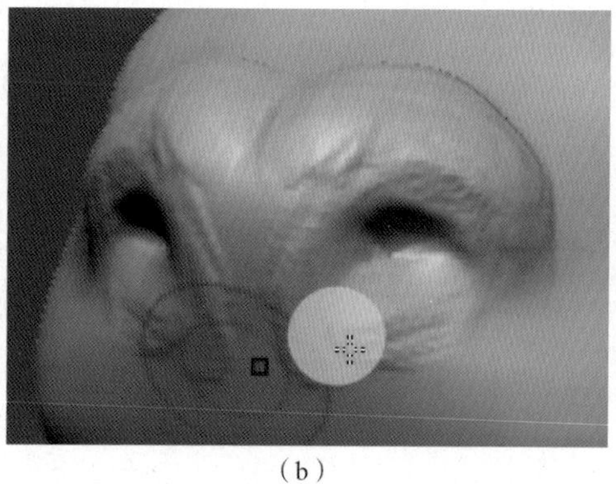
(b)
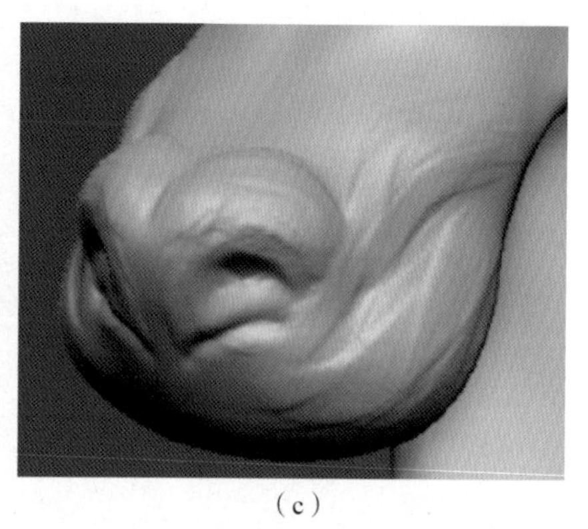
(c)

图 3.23 鼻子部位细节雕刻

⑩为了体现恶狗狰狞的表情，使用 ClayBuildup 笔刷把这一部分褶皱的肉感雕刻出来，如图 3.24 所示。

图 3.24 细节雕刻

⑪从鼻子部位延伸到其他部位，继续把狗头的起伏变化细节部位雕刻完成，如图 3.25 所示。

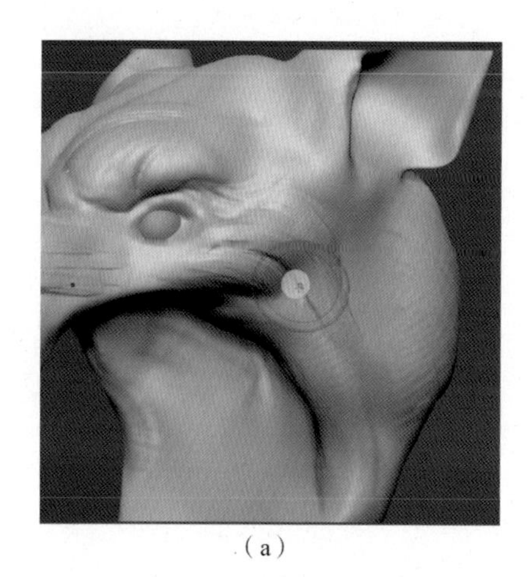
(a)

图 3.25 细节雕刻与型体调整

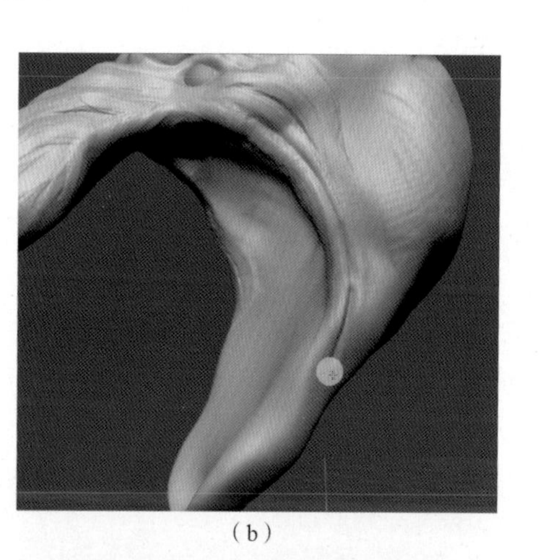
(b)
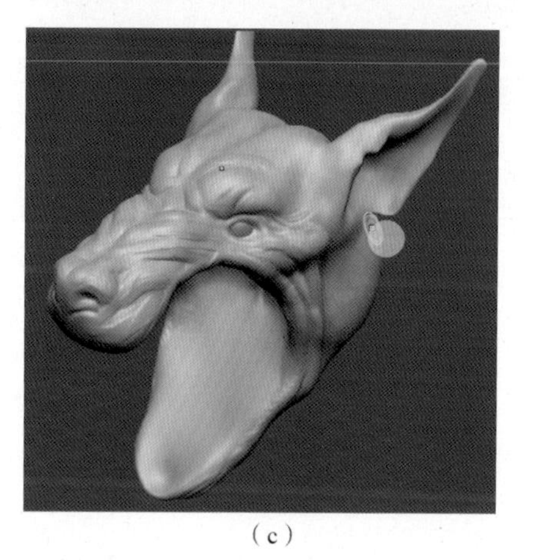
(c)

图 3.25 细节雕刻与型体调整（续）

⑫雕刻到一定程度之后，会发现有些细节的型体还需要再去调整。使用 Move 笔刷微调型体，如图 3.26 所示。

⑬调整完体型之后，发现头部起伏结构不明确，使用 Standard 笔刷继续雕刻，如图 3.27 所示。

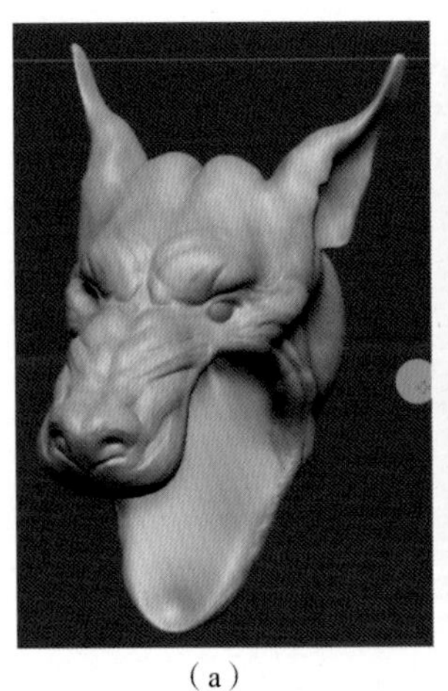
(a)

(b)

图 3.26　细节雕刻与型体调整（1）

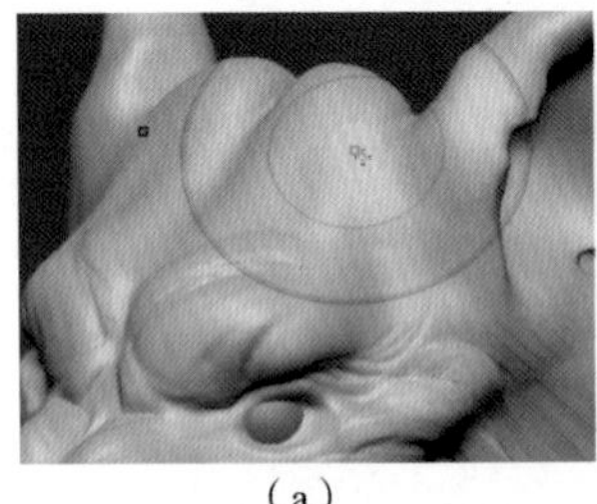
(a)
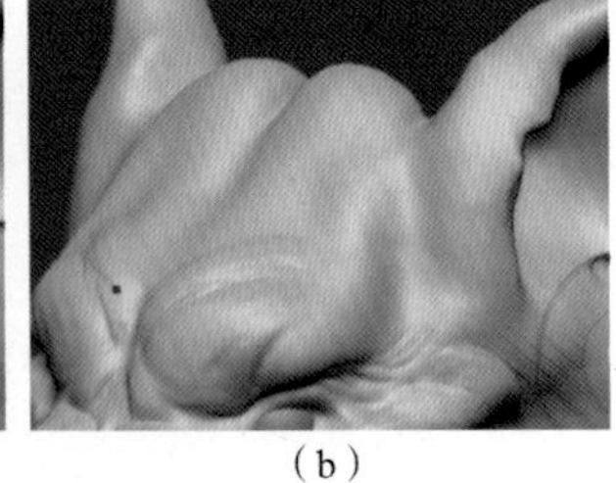
(b)

图 3.27　细节雕刻与型体调整（2）

⑭继续使用 ClayBuildup 笔刷微调头部结构，使用模糊笔刷来模糊笔刷刻痕，如图 3.28 所示。

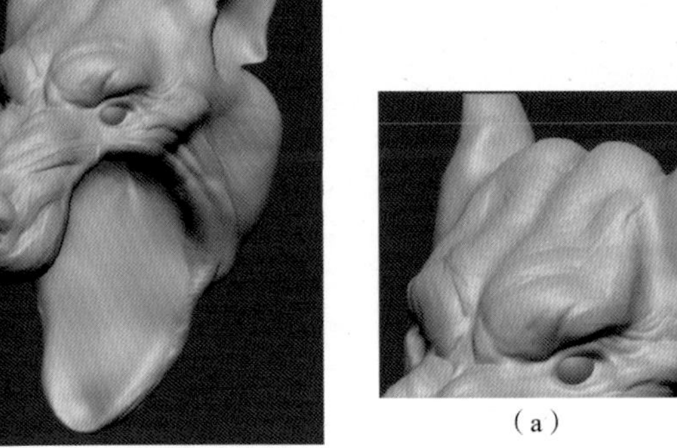
(a)　(b)

图 3.28　细节雕刻与型体调整（3）

※ 3.4　多种笔刷配合深入雕刻（二）

①狗头外轮廓更细致的大型雕刻完成之后，使用 DamSandard 笔刷从眼部开始深入雕刻细节沟壑部分，需要按快捷键 Alt 使用反向笔刷完成，如图 3.29 所示。

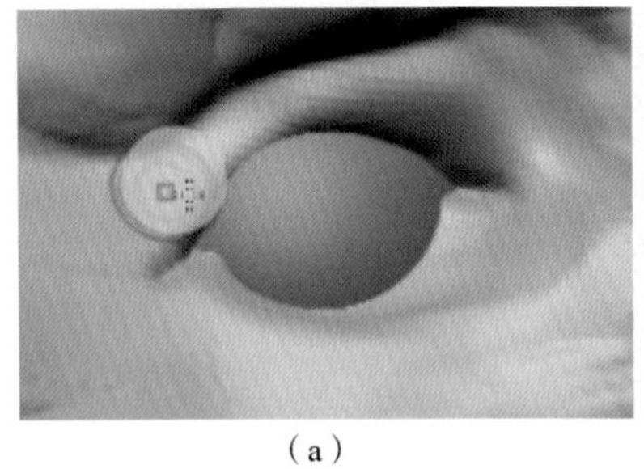
(a)
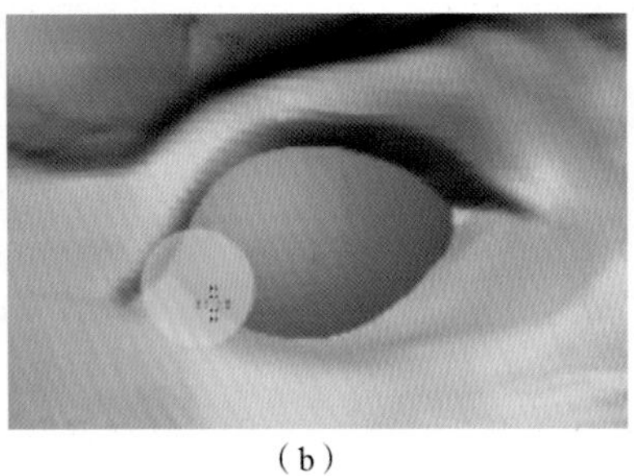
(b)
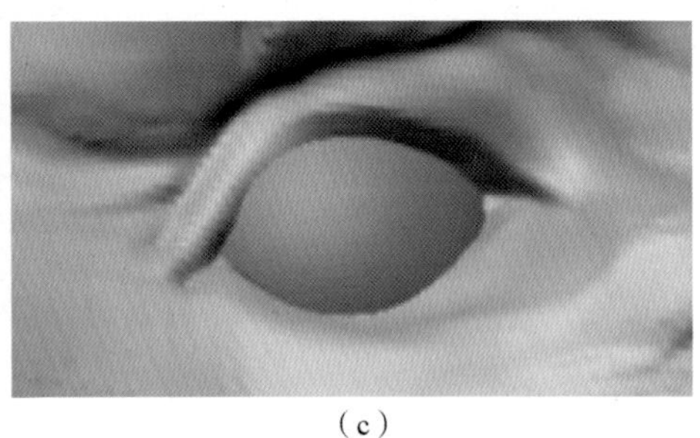
(c)

图 3.29　眼部深入雕刻

②随着眼部的深入雕刻，发现周围结构不够清晰，使用 TrimDynamic 笔刷工具把眼部这一处结构压平，再使用模糊笔刷模糊，如图 3.30 所示。

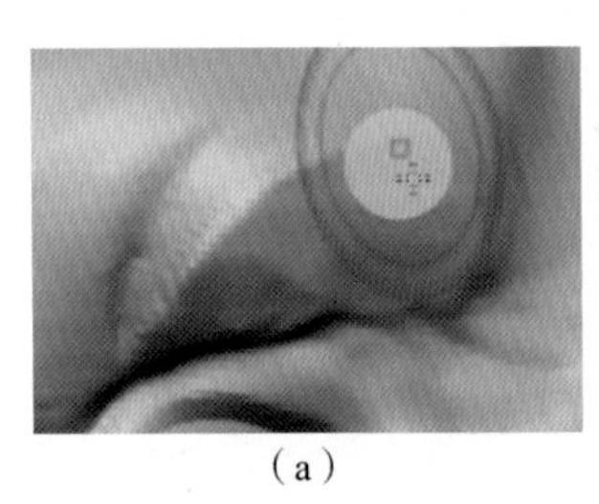
(a)
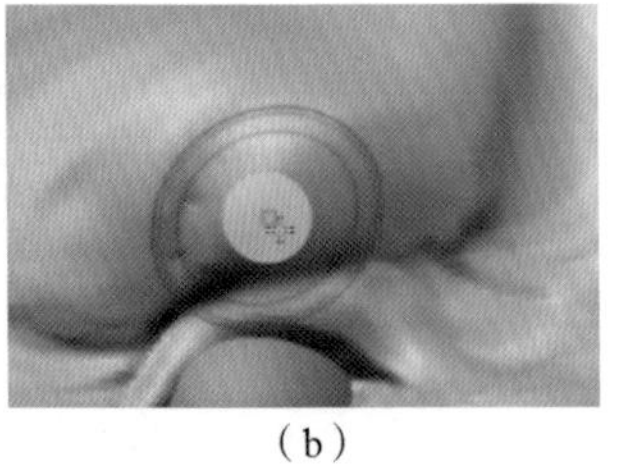
(b)

图 3.30　使用 TrimDynamic 笔刷工具和模糊笔刷

③继续使用多种笔刷结合，深入雕刻眼部细节，如图 3.31 所示。

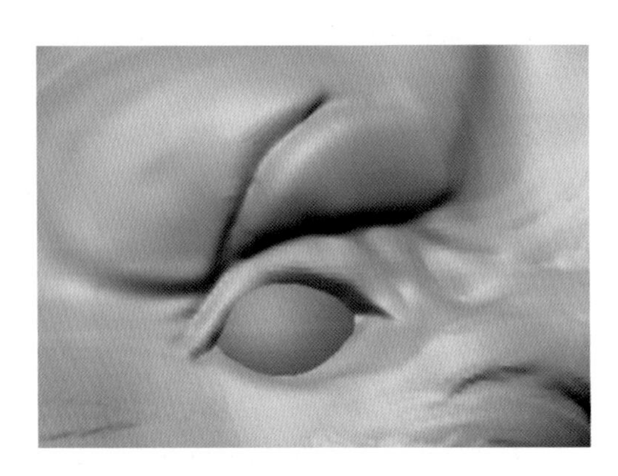

图 3.31　眼部结构深入雕刻

④目前来看，整体的型体及结构上的起伏变化都雕刻出来了。根据参考图，有很多褶皱部分，为了追求效率，使用 DamStandard 笔刷进行雕刻，如图 3.32 所示。

⑤顺着结构到耳朵部位，继续微调耳朵的型体，以便更好地根据参考图来调整型体，如图 3.33 所示。

⑥继续调整头部结构，如图 3.34 所示。

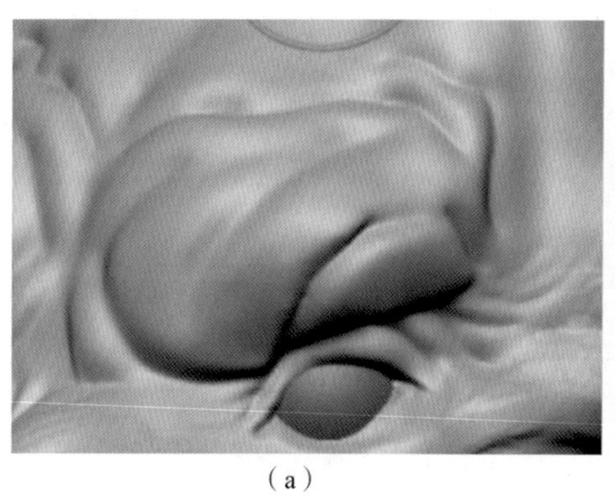
(a)

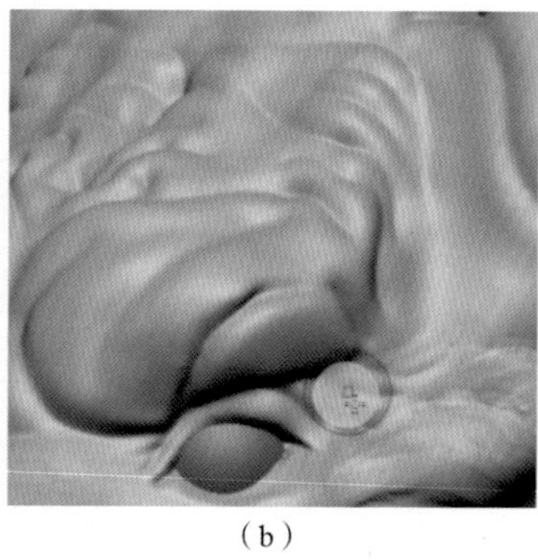
(b)

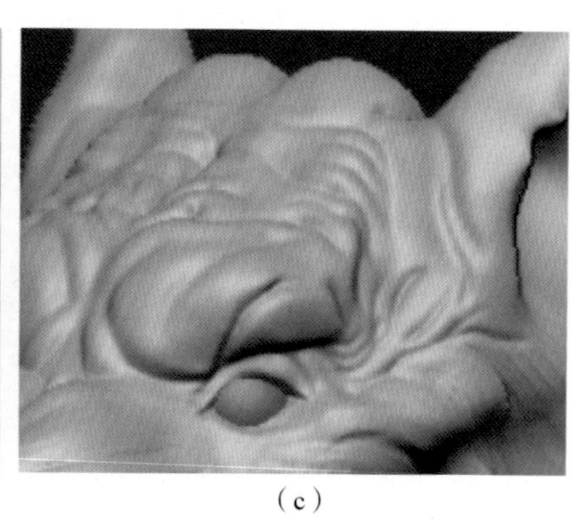
(c)

图 3.32 头部结构细节雕刻

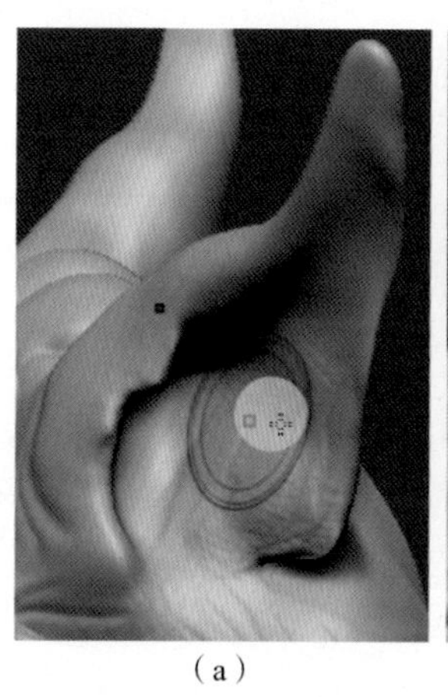
(a)

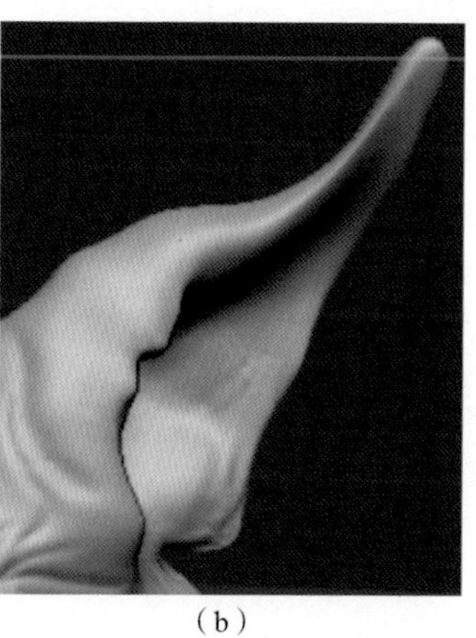
(b)

图 3.33 耳朵结构微调

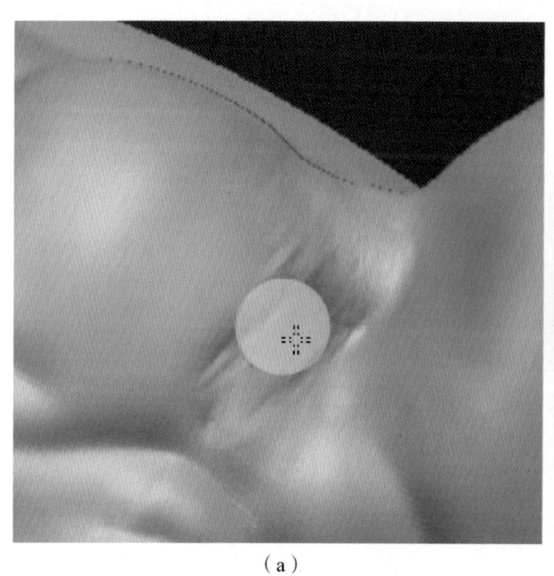
(a)

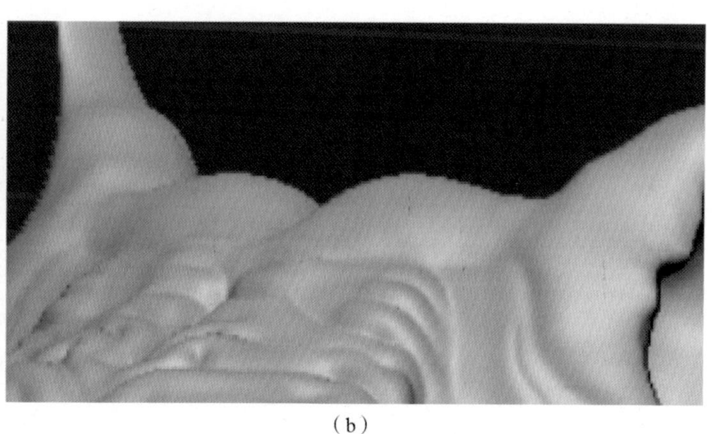
(b)

图 3.34 头部结构微调

⑦使用多种笔刷调整颧骨及周围结构，如图 3.35 所示。

⑧使用 DamStandard 笔刷雕刻出鼻子附近结构的褶皱感，如图 3.36 所示。

⑨鼻子部位深入雕刻完成之后，顺着结构继续深入雕刻狗头皱眉部位，如图 3.37 所示。

⑩模糊颧骨部位笔刷雕刻痕迹，然后继续深入雕刻颧骨部位结构，如图 3.38 所示。

⑪深入雕刻鼻子部位，把鼻子肉与肉折叠的肉感表现出来，如图 3.39 所示。

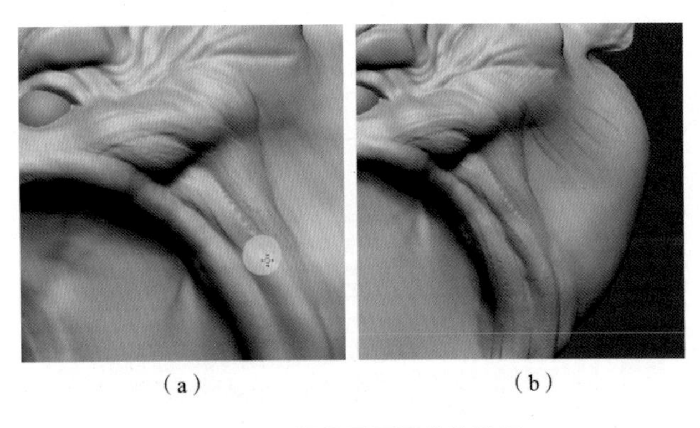
（a）　（b）

图 3.35　颧骨及周围结构微调

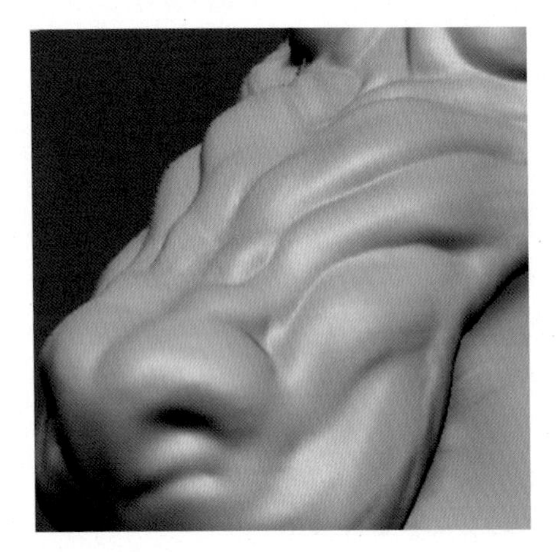

图 3.36　鼻子附近结构深入雕刻

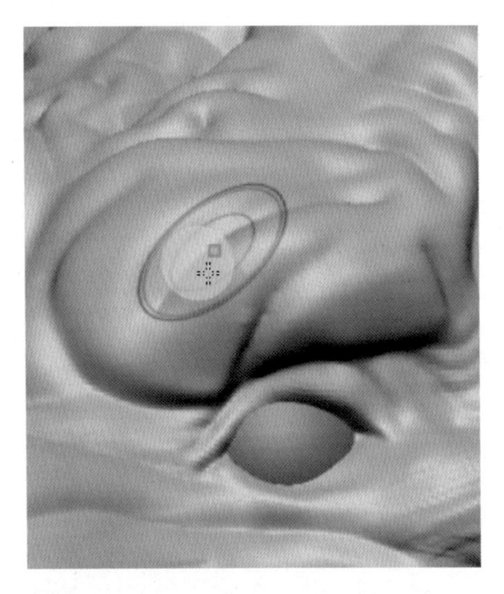

图 3.37　深入雕刻皱眉部分

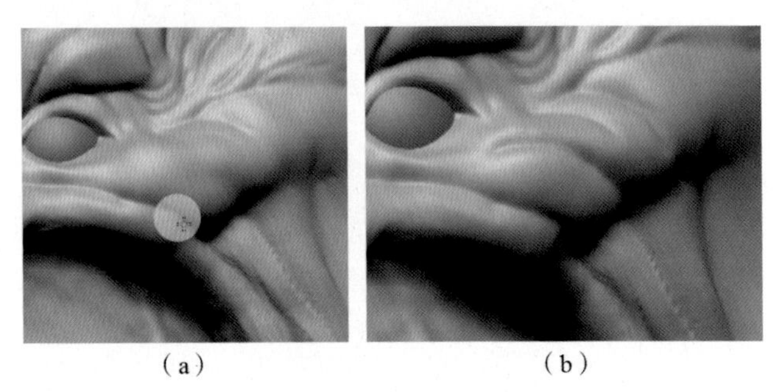
（a）　（b）

图 3.38　深入雕刻颧骨部分

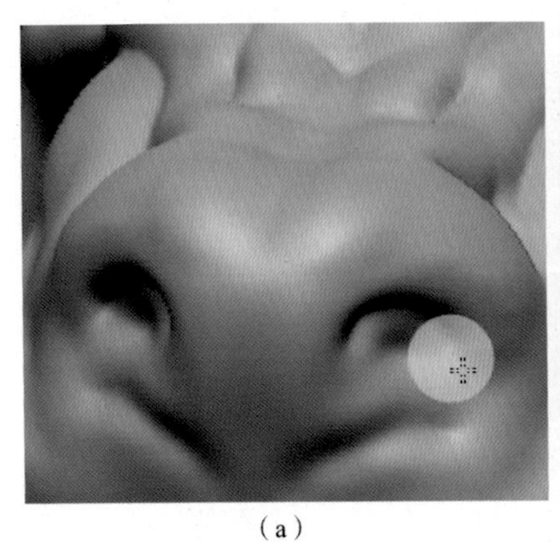
（a）

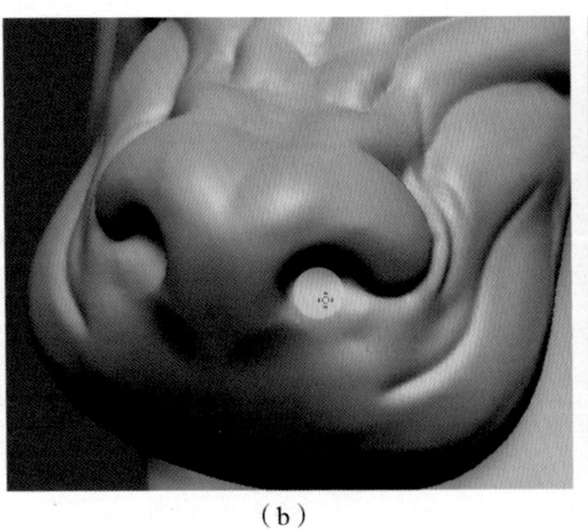
（b）

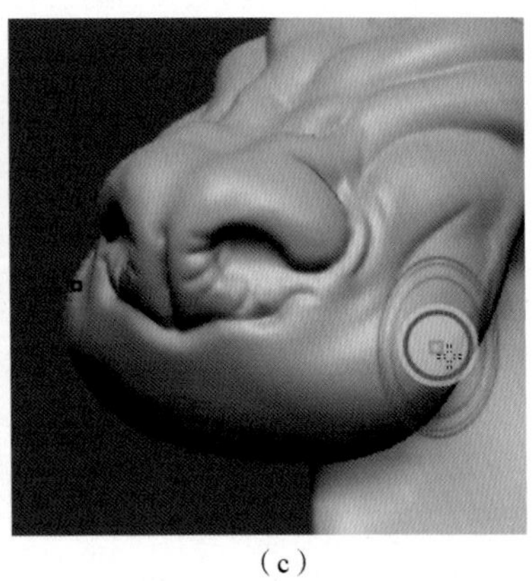
（c）

图 3.39　鼻子深入雕刻

⑫雕刻到一定程度，继续观察一下整体，思考下一步应该雕刻哪里，如图 3.40 所示。

⑬观察完成之后，发现耳朵及咬肌部位仍然需要调整型体，如图 3.41 所示。

⑭调整完成之后，继续从颧骨部位向外延伸，深入雕刻嘴部结构，如图 3.42 所示。

⑮嘴部大型结构雕刻完成后，开始深入雕刻细节，卡一下边界，使结构更清晰，如图 3.43 所示。

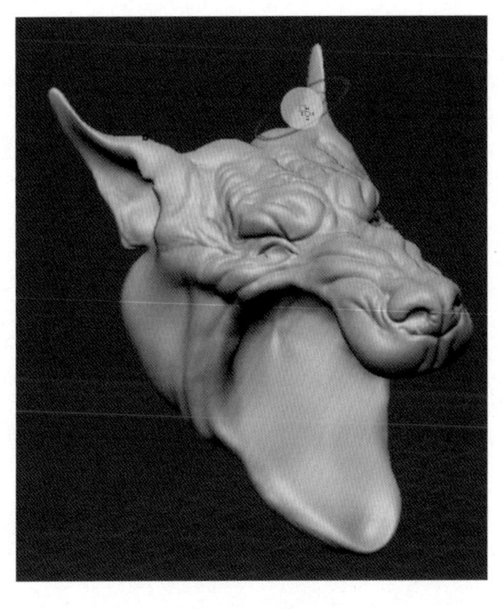

图 3.40 观察整体

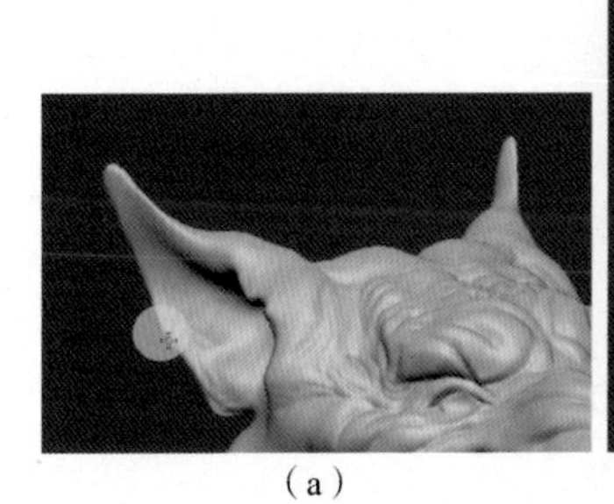

(a)

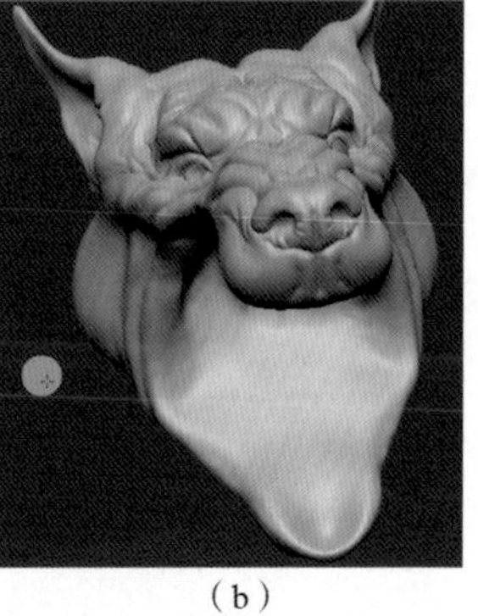

(b)

图 3.41 调整耳朵及咬肌部位

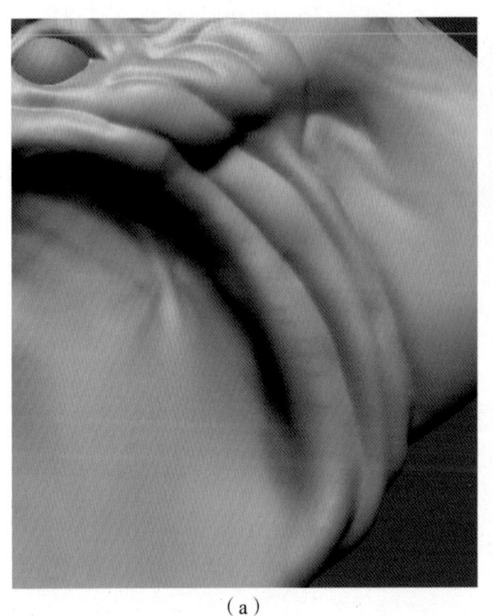

(a)

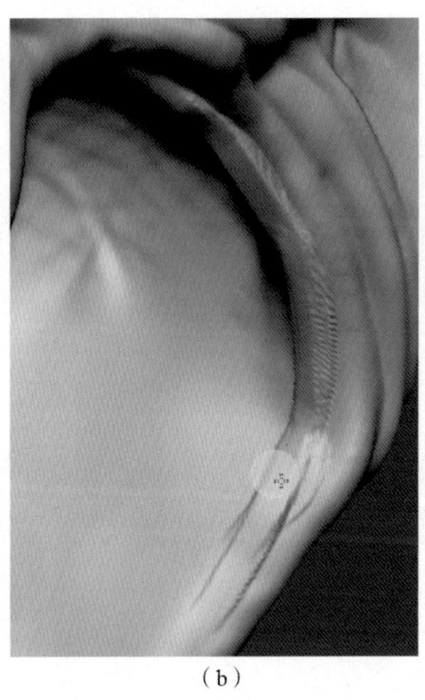

(b)

(c)

图 3.42 深入雕刻嘴部结构

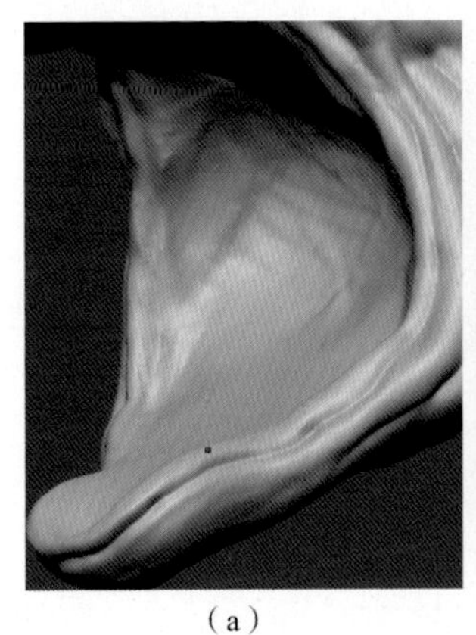

(a)

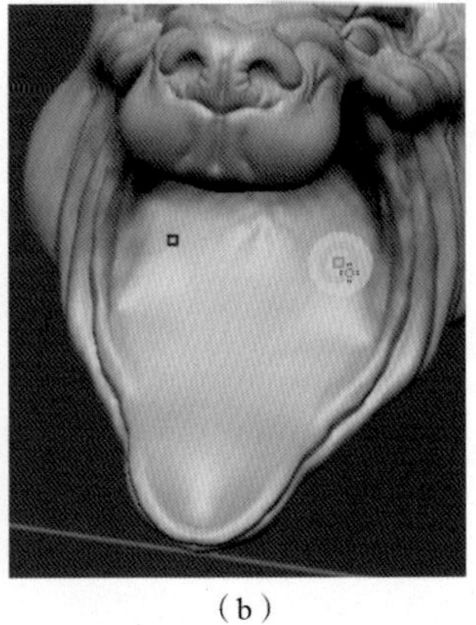

(b)

图 3.43 深入雕刻细节

※ 3.5 舌头及牙齿的制作

①插入一个圆球模型，再去调整模型的大小、长度，使之贴合嘴部结构。然后旋转到合适的角度，再用 Move 笔刷调整舌头大概的型体，如图 3.44 所示。

②使用 ClayBuildup 笔刷把舌头大型雕刻出来，用模糊笔刷来模糊笔刷刻痕，再使用 DamStandard 笔刷雕刻细节，如图 3.45 所示。

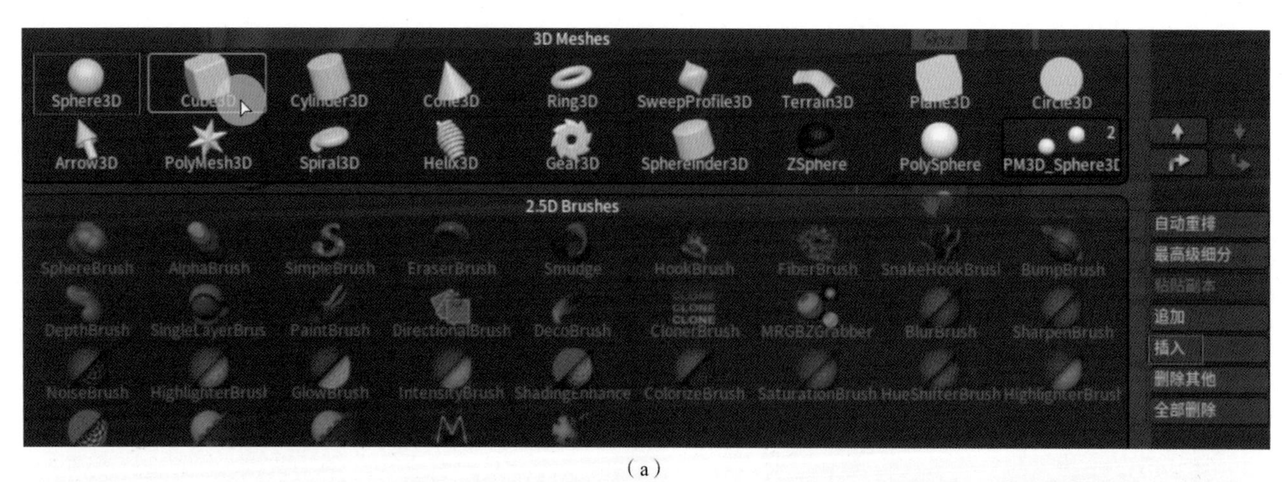

(a)

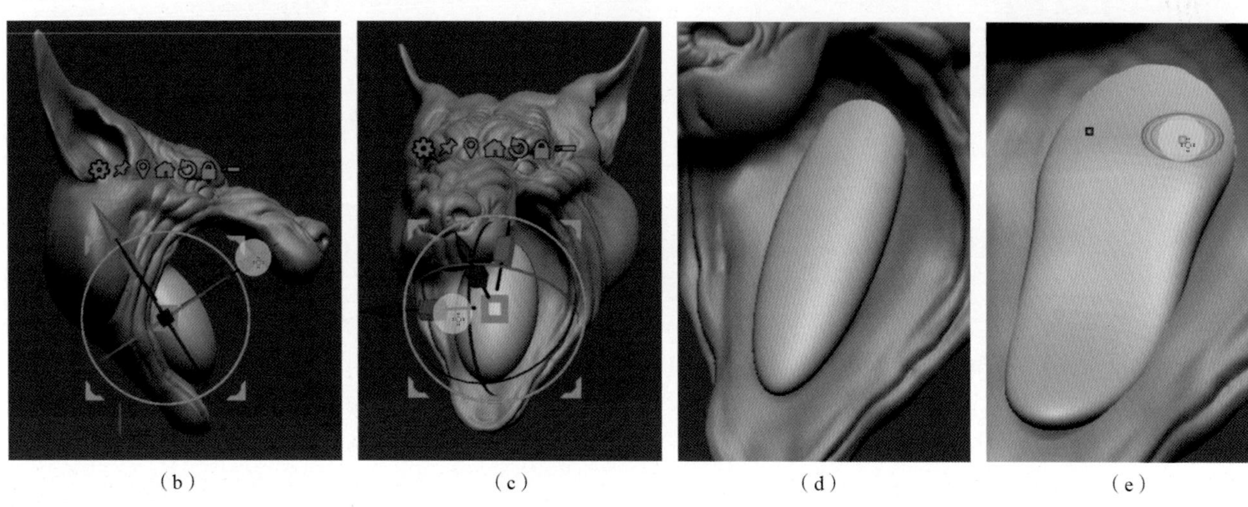

(b)　　(c)　　(d)　　(e)

图 3.44　舌头大型制作

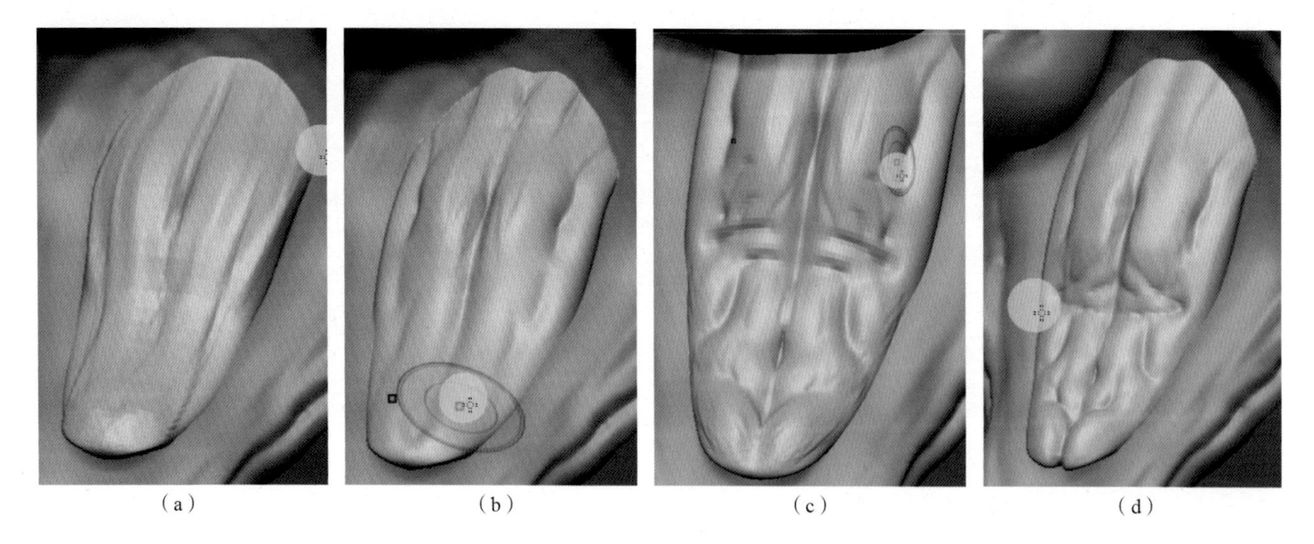

(a)　　(b)　　(c)　　(d)

图 3.45　舌头细节雕刻

③深入雕刻到一定程度，再去多角度观察舌头的型体。用 Move 笔刷把舌头的动态表现出来，如图 3.46 所示。

④接下来开始雕刻牙齿部分。先插入一个球体模型，调整位置、大小和长度，如图 3.47 所示。

⑤使用 Move 笔刷与 ClayBuildup 笔刷结合，把牙齿雕刻出来，如图 3.48 所示。

⑥选中牙齿的图层，单击工具菜单栏中的“复制”按钮，复制一个牙齿模型并调整好大小放到上层利齿位置，如图 3.49 所示。

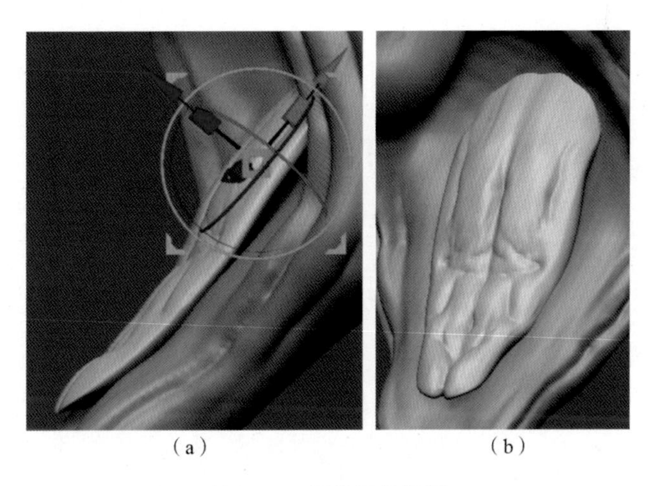

（a） （b）

图 3.46 舌头型体微调

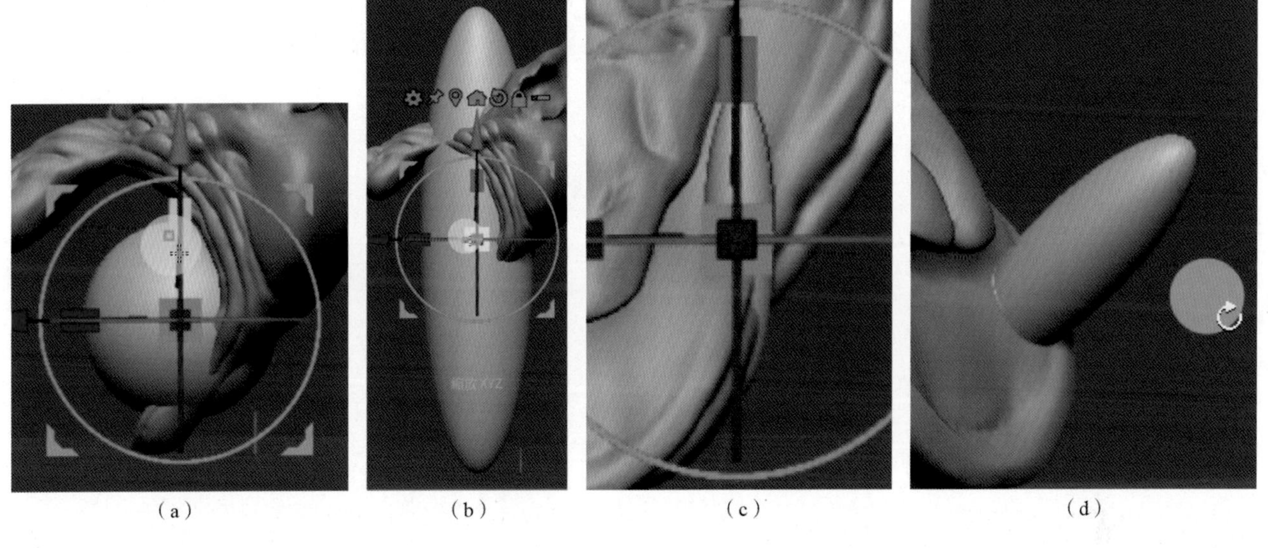

（a） （b） （c） （d）

图 3.47 牙齿大概型体制作

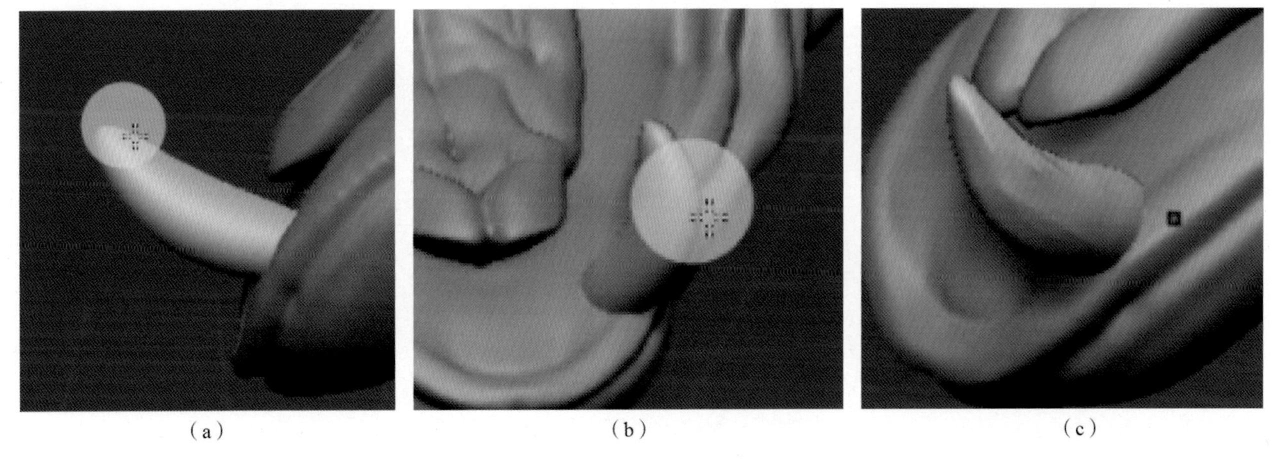

（a） （b） （c）

图 3.48 牙齿造型塑造

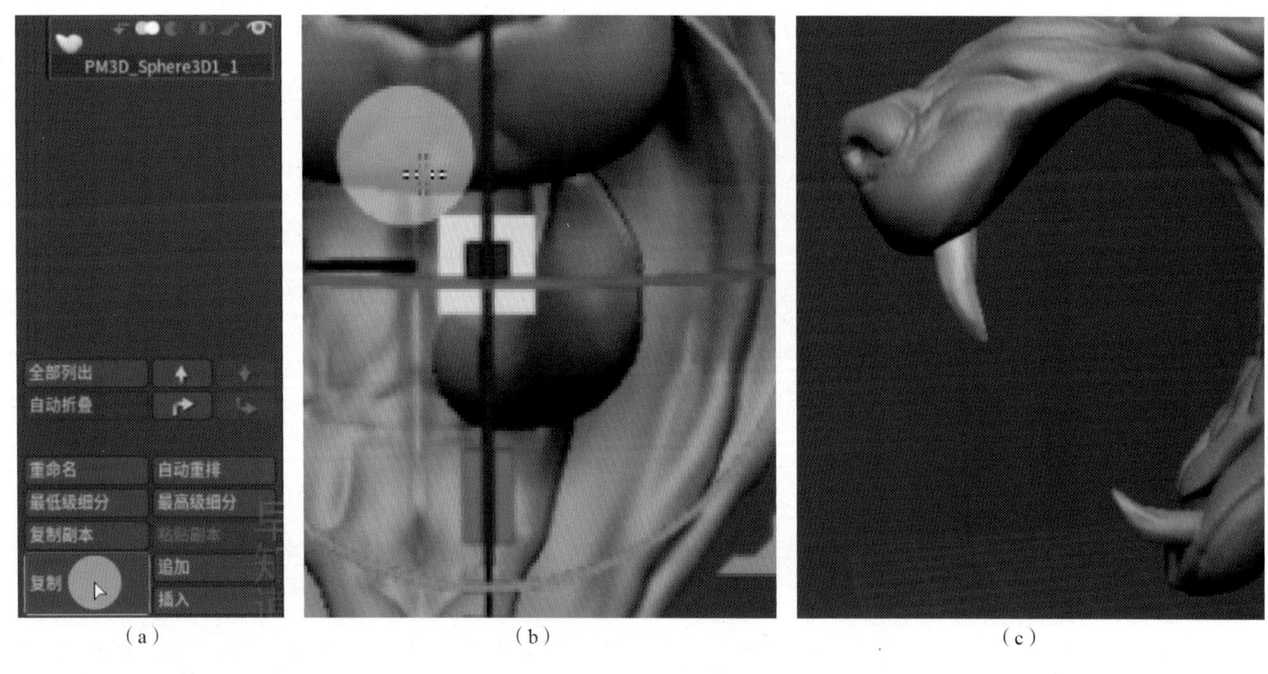

(a)　(b)　(c)

图 3.49　牙齿复制

⑦给嘴部添加牙龈的结构，使狗头结构更完整，以便调整牙齿位置，如图 3.50 所示。

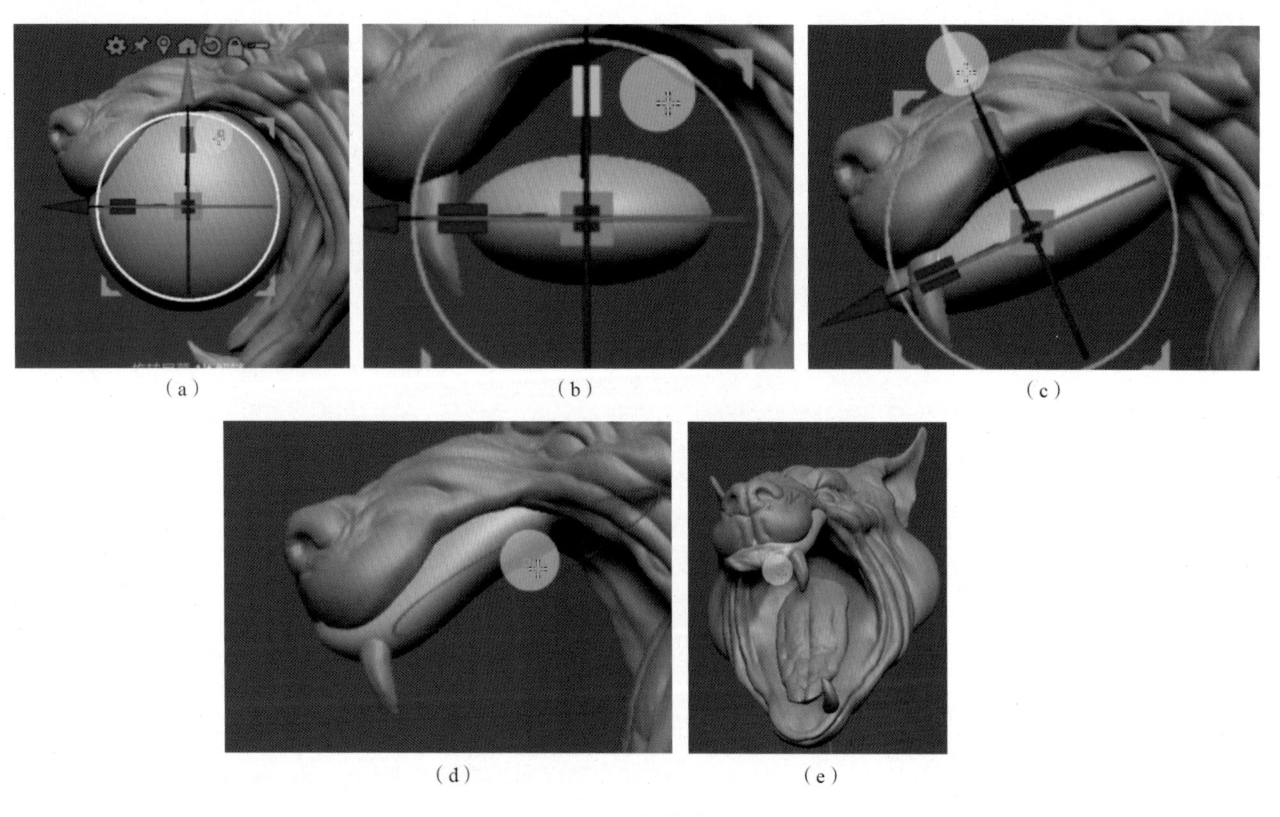

(a)　(b)　(c)

(d)　(e)

图 3.50　牙龈结构制作

⑧雕刻牙龈大概起伏结构，如图 3.51 所示。

⑨牙龈大体结构塑造完成，开始摆放牙齿的位置。继续复制出一个牙齿，调整大小、位置、角度，如图 3.52 所示。

⑩做到这一步发现主要的利齿不够大，继续返回主牙图层调整大小，如图 3.53 所示。

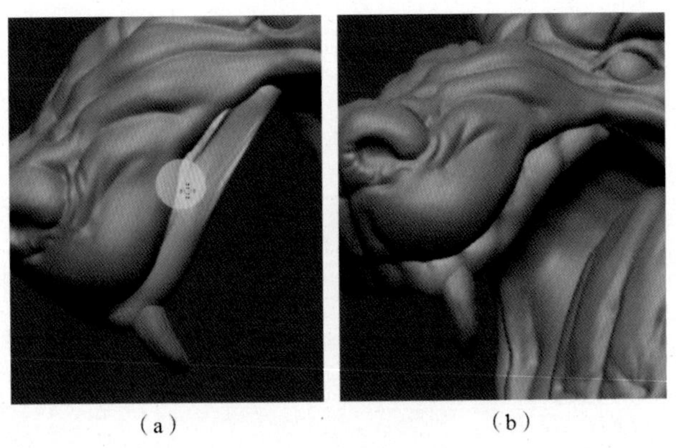

（a）（b）

图 3.51 牙龈结构塑造

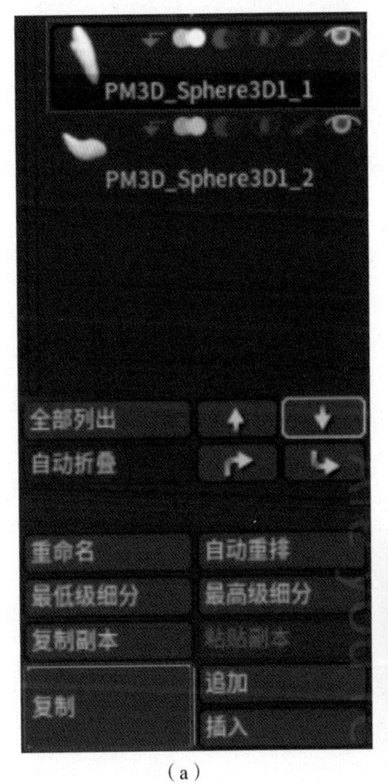

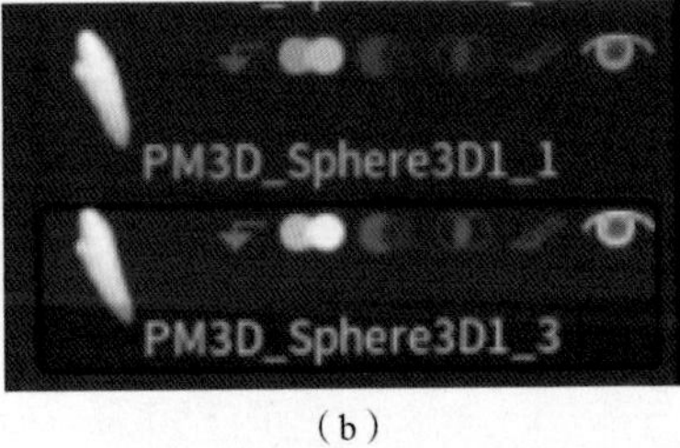

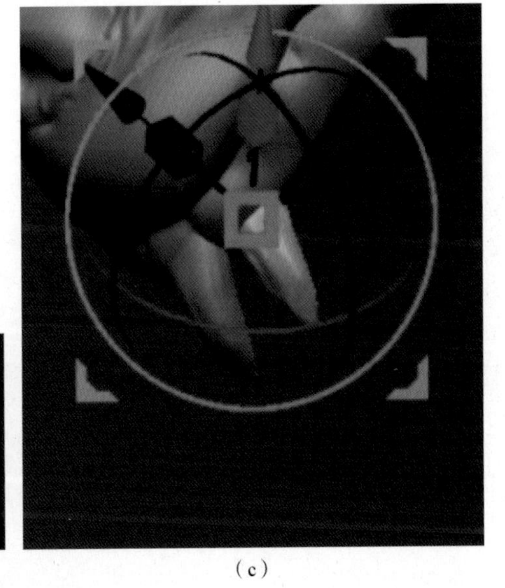

（a）（b）（c）

图 3.52 复制并摆放牙齿

图 3.53 调整主牙

⑪当做到第三颗牙齿时，发现这一颗牙齿跟其他牙齿并不相似。继续复制一颗牙齿，调整好大小并摆放到相同位置。用 TrimDynamic 笔刷压平到参考图相似的程度之后，继续复制牙齿摆放到旁边位置，使之大概符合参考图牙齿轮廓，如图 3. 54 所示。

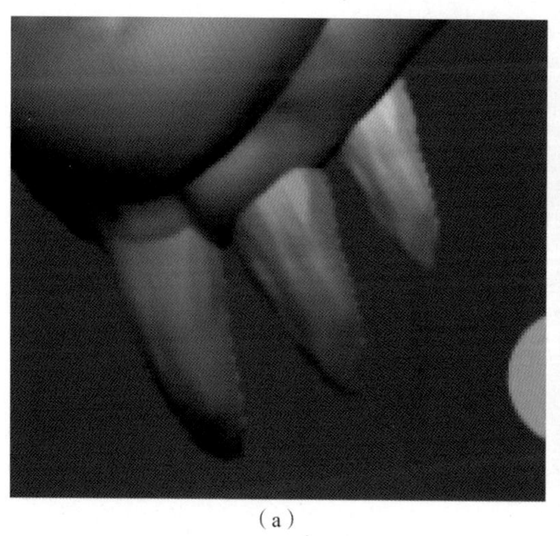
(a)

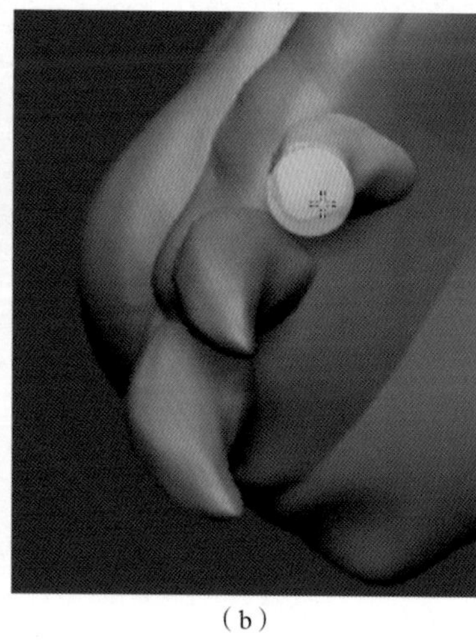
(b)

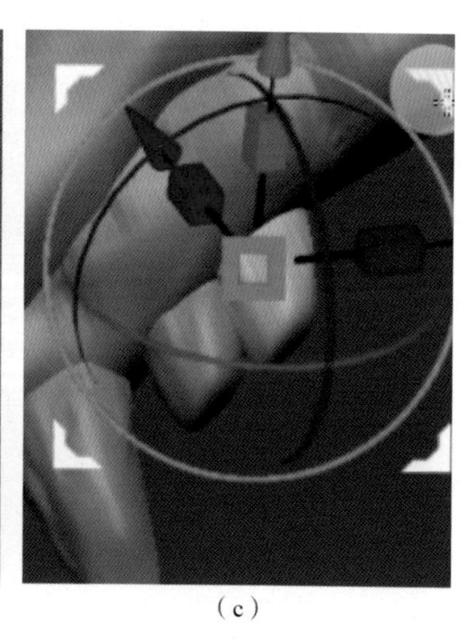
(c)

图 3. 54　牙齿制作（1）

⑫使用 Dynamesh 命令对模型进行重新布线。布线完成之后，继续塑造调整，如图 3. 55 所示。

(a)

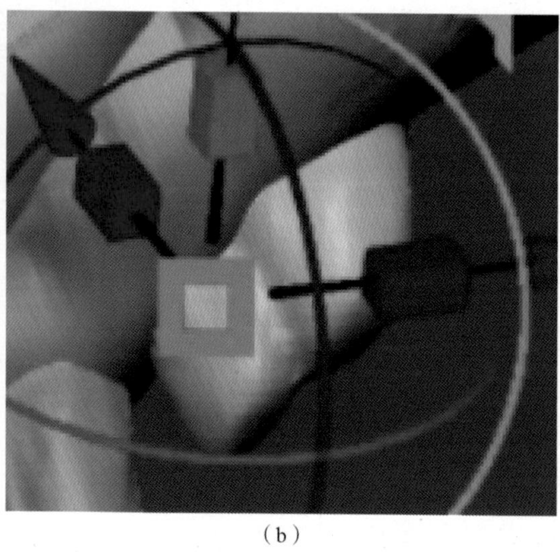
(b)

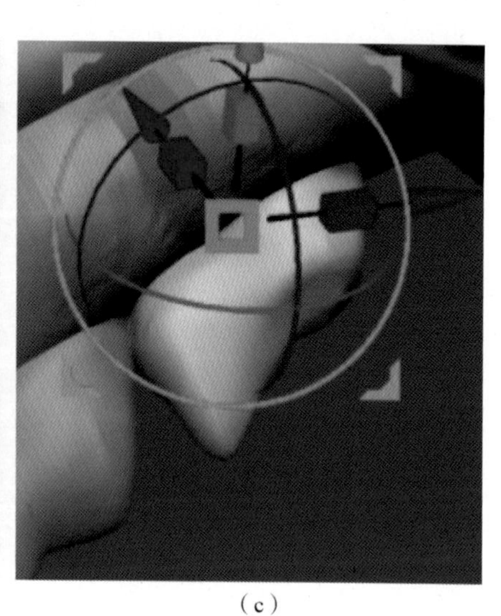
(c)

图 3. 55　牙齿制作（2）

⑬有了这颗牙齿作基础，则制作后边类似的牙齿就简单了许多。继续复制这颗牙齿作为基础形状，调整大小和位置，如图 3. 56 所示。

⑭上层前排牙齿也同样用上述方法制作，如图 3. 57 所示。

⑮下层牙齿操作步骤如① ~ ⑫所述，效果如图 3. 58 所示。

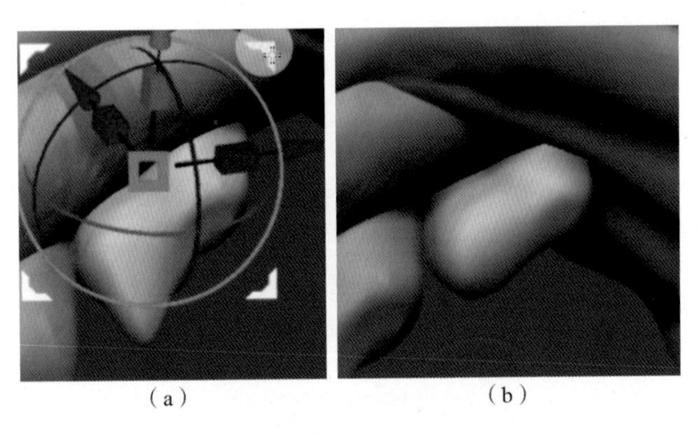
（a）（b）

图 3.56　牙齿制作（3）

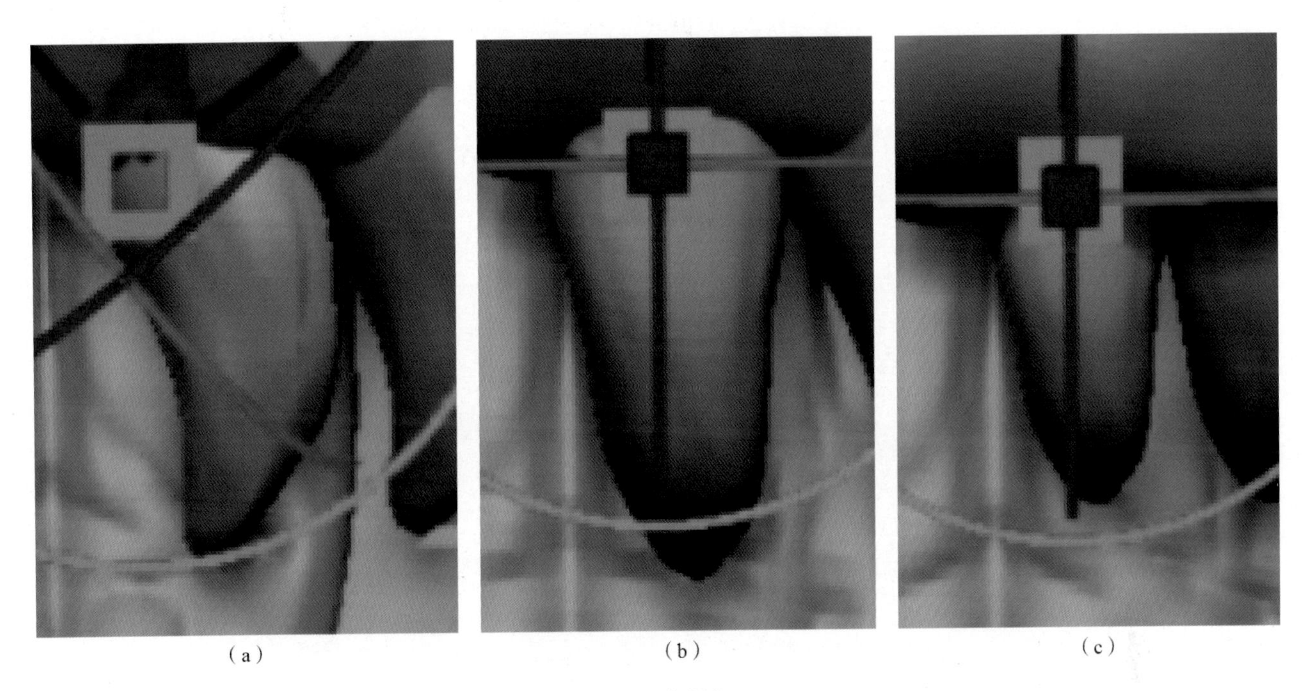
（a）（b）（c）

图 3.57　牙齿制作（4）

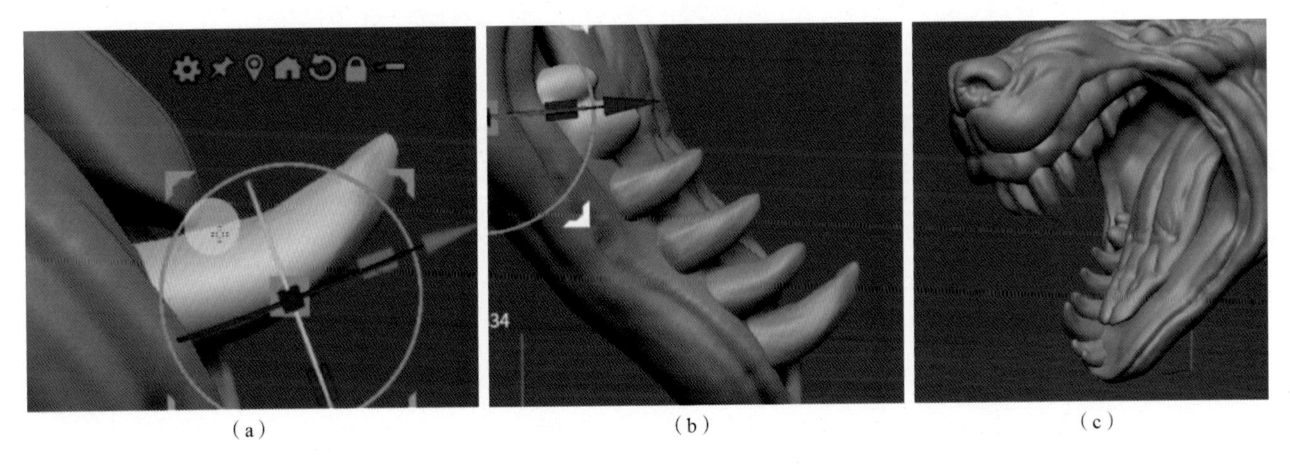
（a）（b）（c）

图 3.58　牙齿制作（5）

⑯把上层所有牙齿合并到一个图层，以便对称操作，如图 3.59 所示。

⑰再把下层的牙齿全部合并到一个图层。牙齿上、下层每层都制作了一半，使用镜像命令对称制作，如图 3.60 所示。

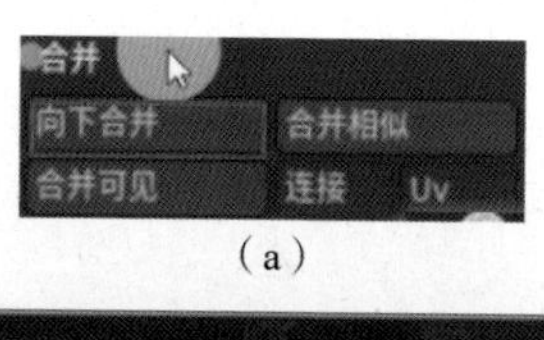

(a)

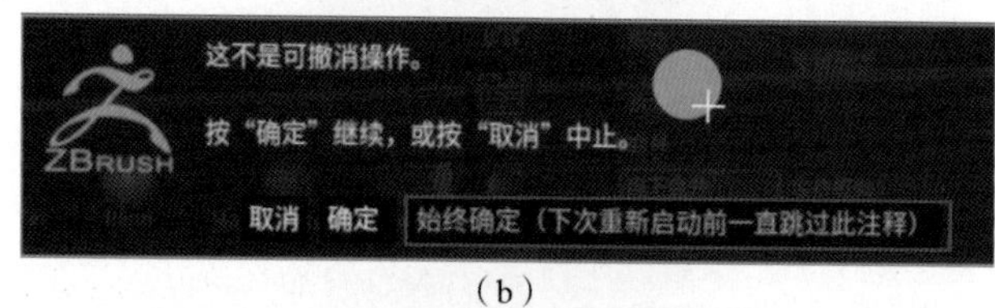

(b)

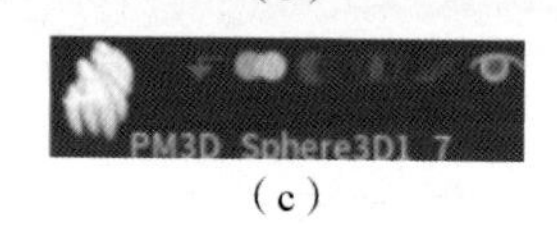

(c)

图 3.59　合并图层

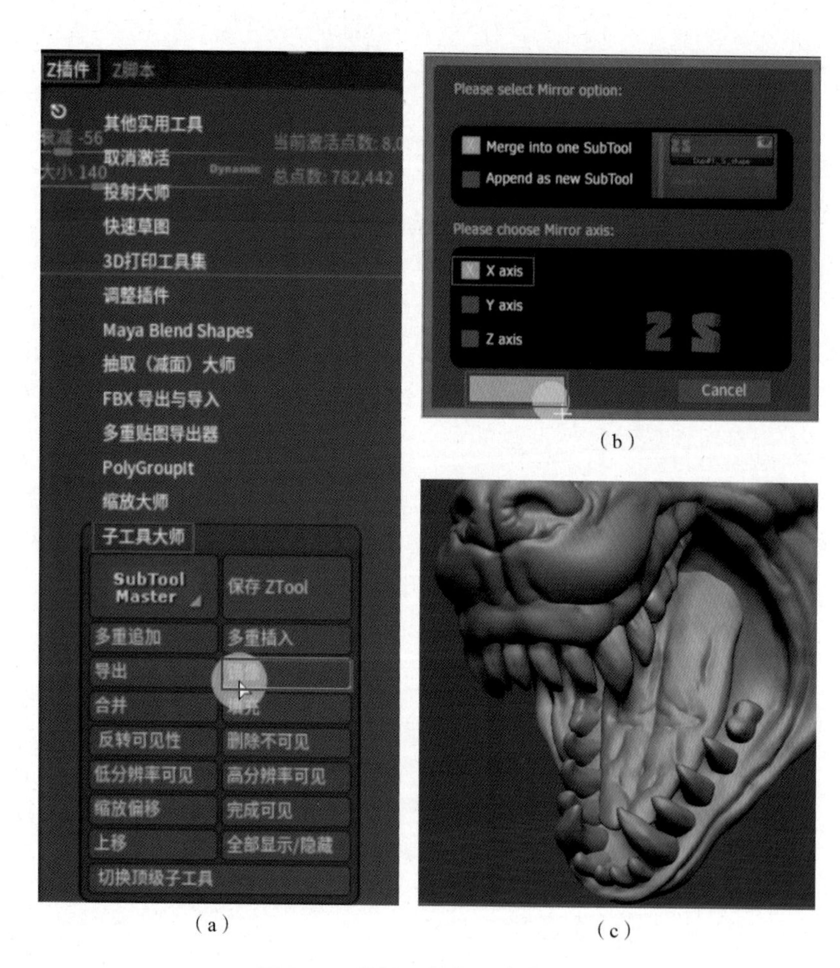

(a)　(b)　(c)

图 3.60　使用"镜像"命令制作

※ 3.6　细节塑造

①先从口腔部位开始，使用多种笔刷结合，深入牙龈结构的塑造，如图 3.61 所示。

②嘴巴周围部分很多褶皱的小细节需要塑造，如图 3.62 所示。

③继续雕刻上牙龈部分结构，先用 DamStandard 笔刷把牙龈凹凸的大概轮廓雕刻出来，如图 3.63 所示。

④然后使用各种笔刷相结合的方式，把牙龈部分的结构深入雕刻完成，如图 3.64 所示。

⑤塑造完牙龈部位，接着微调上半部分嘴巴的型体，如图 3.65 所示。

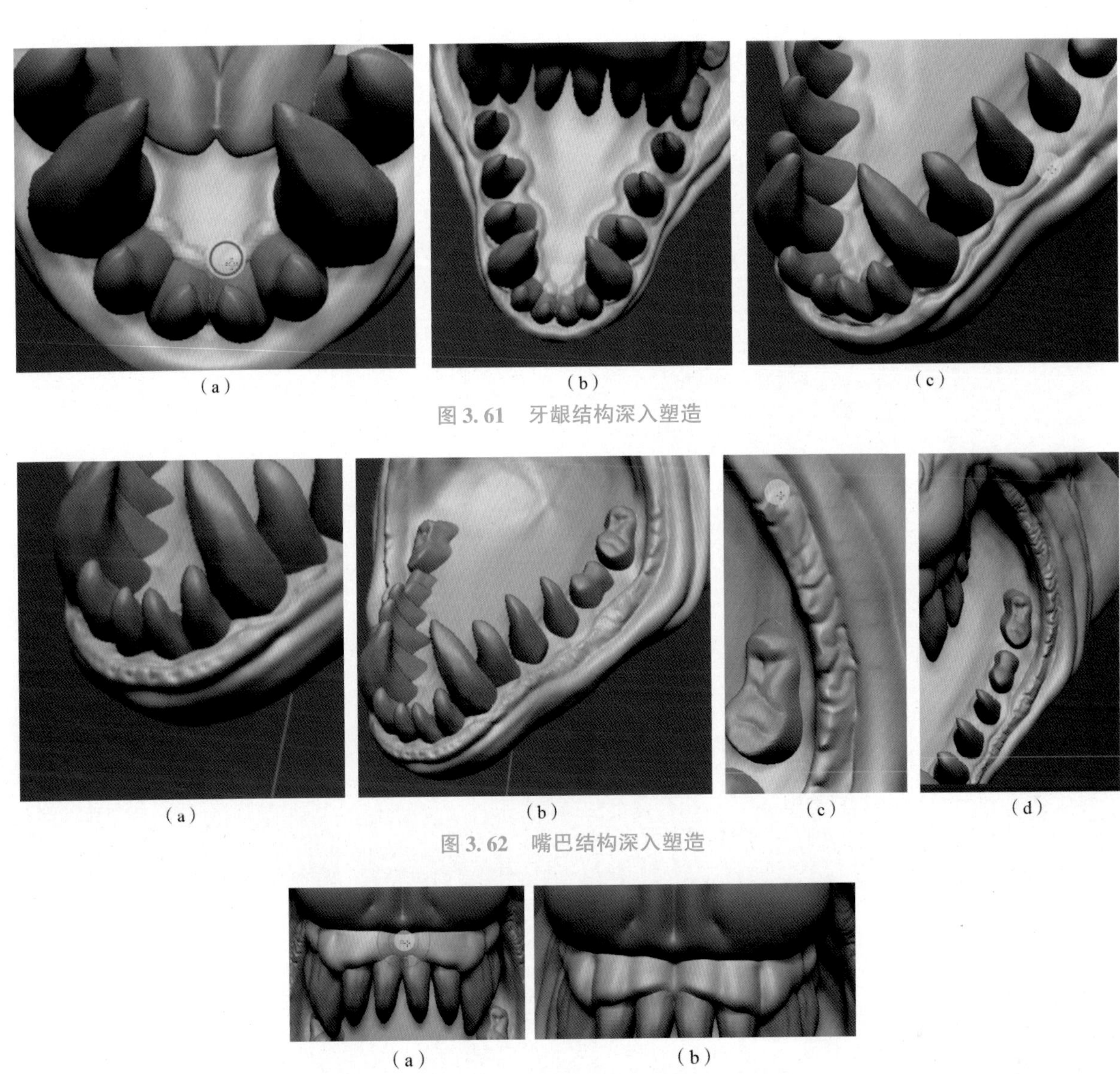

图 3.61 牙龈结构深入塑造

图 3.62 嘴巴结构深入塑造

图 3.63 上牙龈结构大概塑造

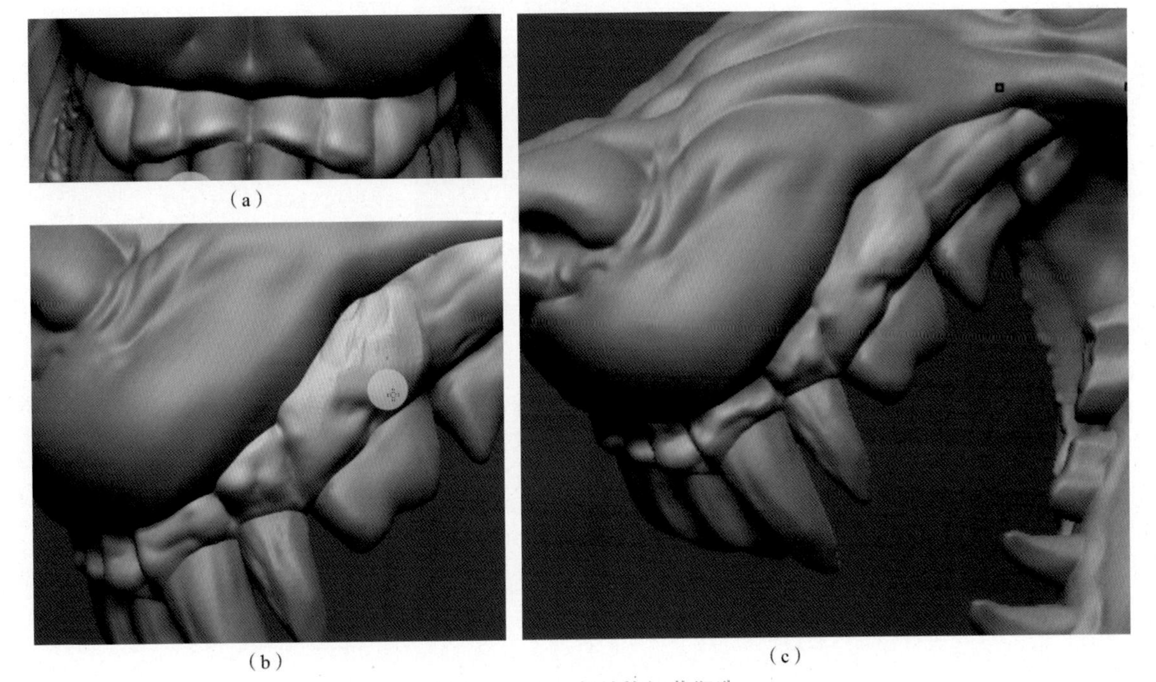

图 3.64 上牙龈结构细节塑造

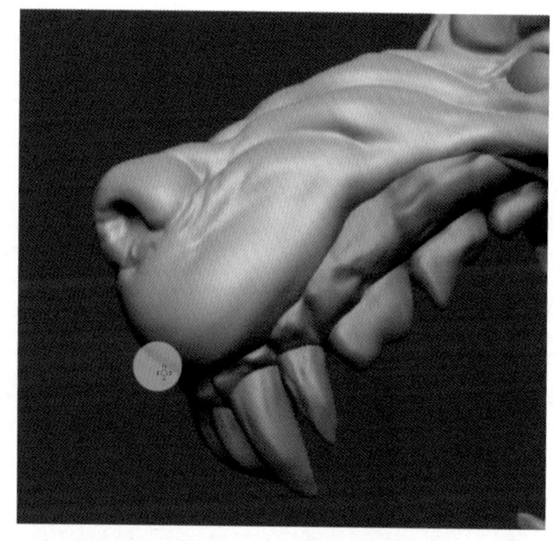

图 3.65　型体微调

⑥顺着结构，开始深入塑造上嘴巴部分结构。使用 DamStandard 笔刷把嘴巴上边的毛发坑洞及褶皱纹理塑造出来，如图 3.66 所示。

⑦接着细化舌头部分结构。使用多种笔刷相结合，把舌头的褶皱、肉感雕刻出来，如图 3.67 所示。

⑧眼睛是心灵的窗户，要塑造一个物体，眼睛的部位结构要刻画精细，如图 3.68 所示。

⑨塑造到一定程度之后，观察整体，继续调整、塑造，如图 3.69 所示。

⑩继续塑造耳朵部位的结构，首先把结构的大概型体塑造出来，然后再深入细节，如图 3.70 所示。

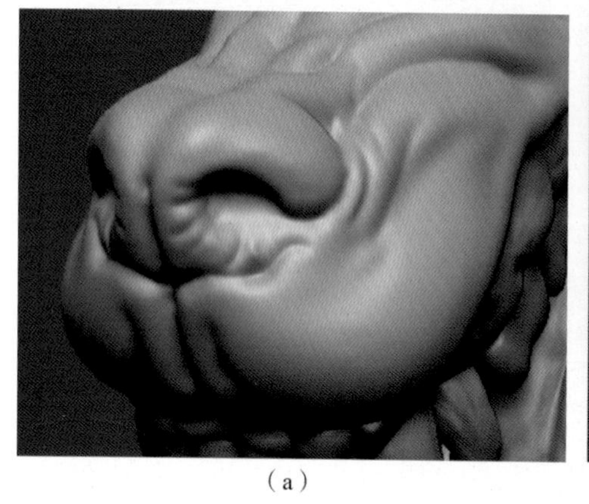

（a）

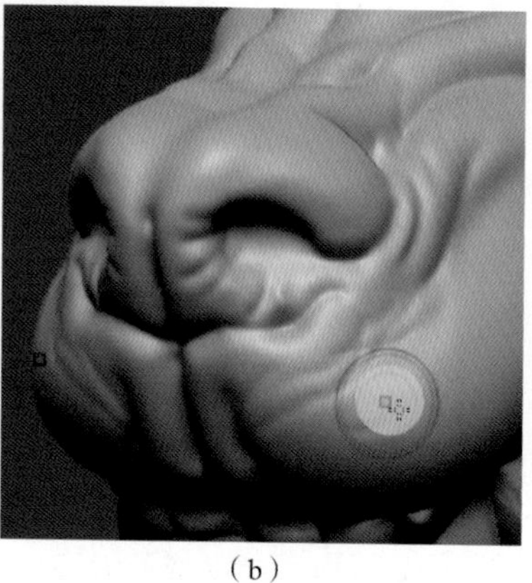

（b）

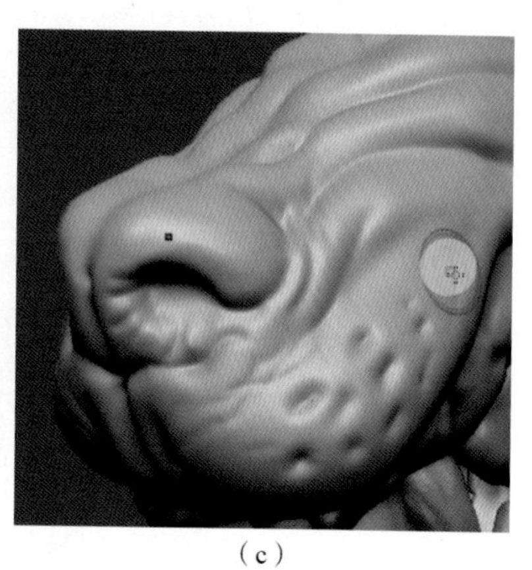

（c）

图 3.66　嘴巴深入塑造

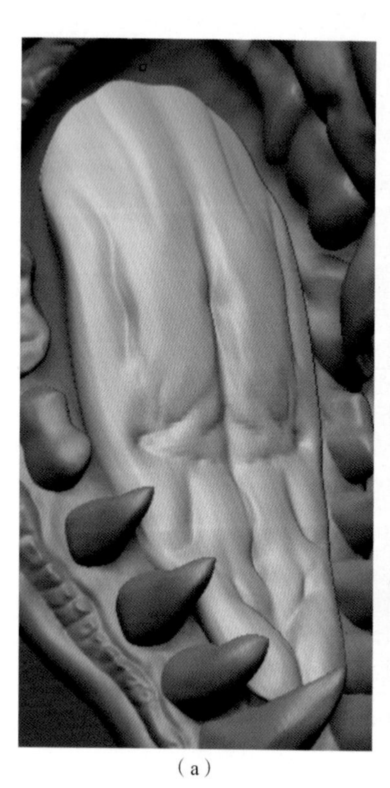

（a）

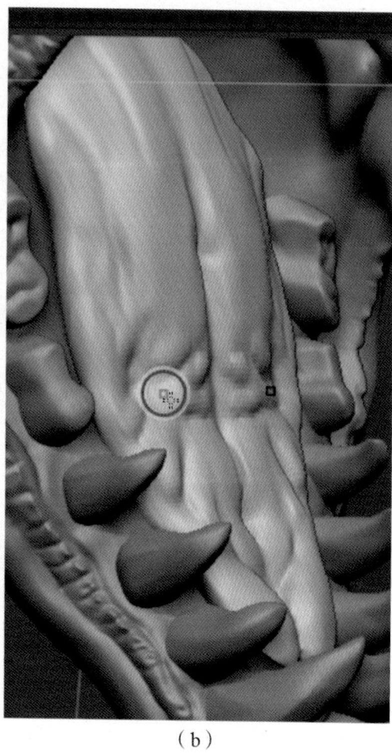

（b）

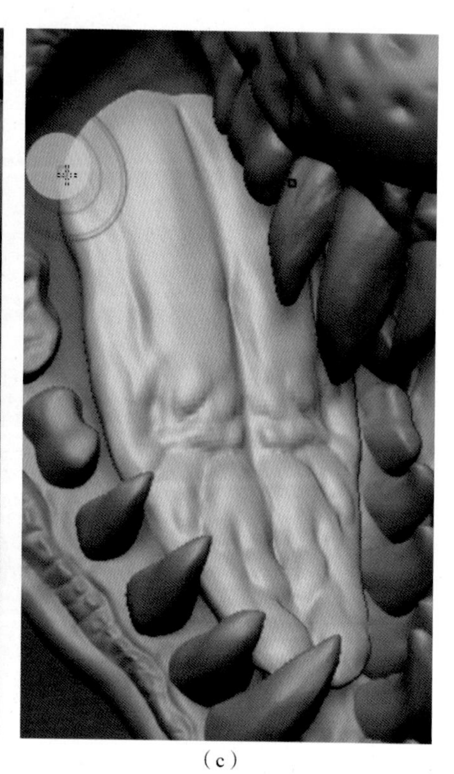

（c）

图 3.67　舌头深入塑造

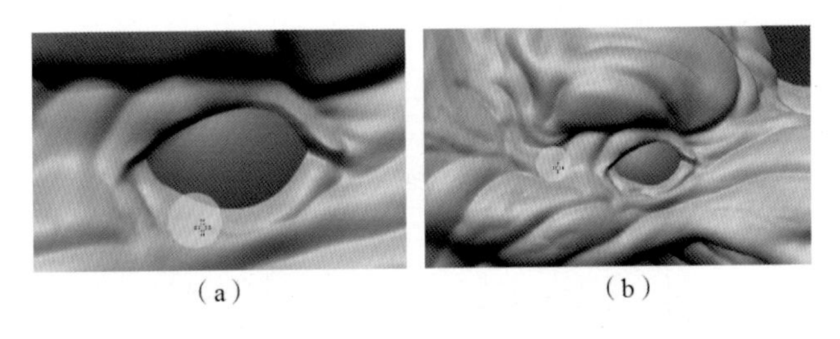

（a） （b）

图 3.68　眼睛深入塑造

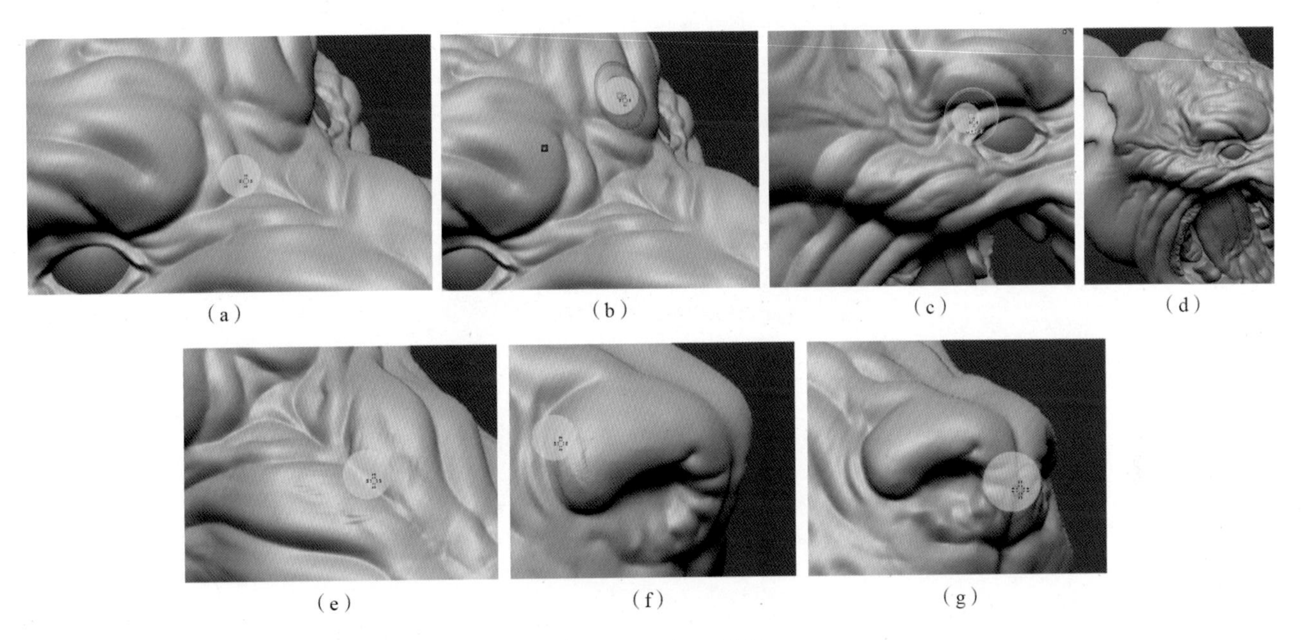

（a） （b） （c） （d）

（e） （f） （g）

图 3.69　调整、塑造

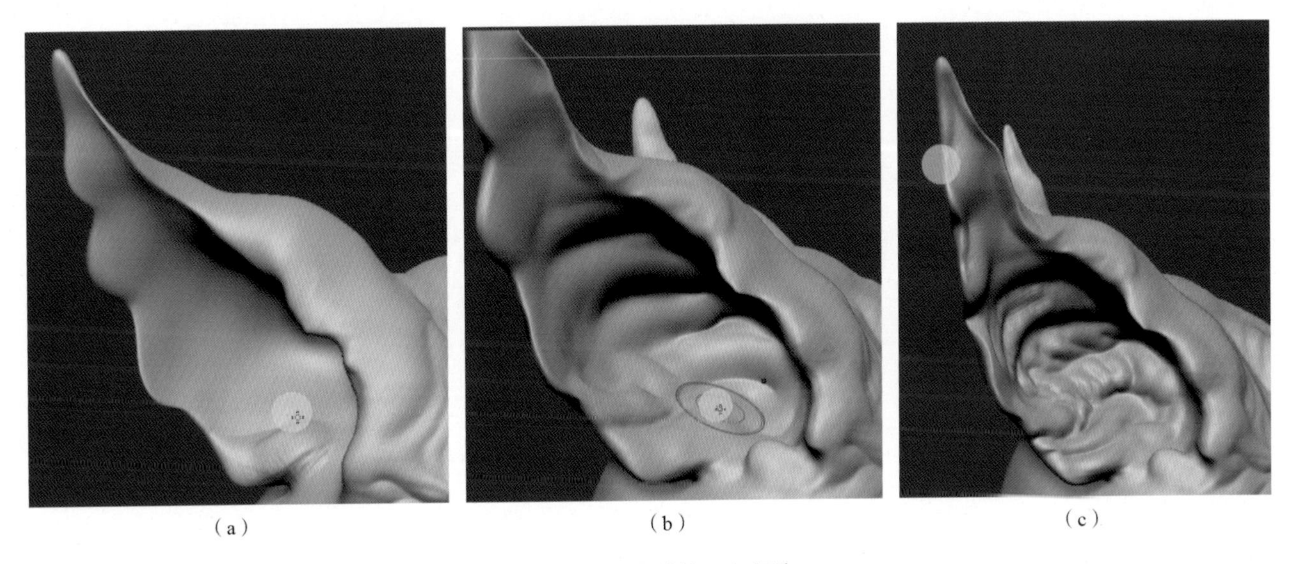

（a） （b） （c）

图 3.70　耳朵结构深入塑造

⑪最后再调整一下整体结构，最终效果如图 3.71 所示。

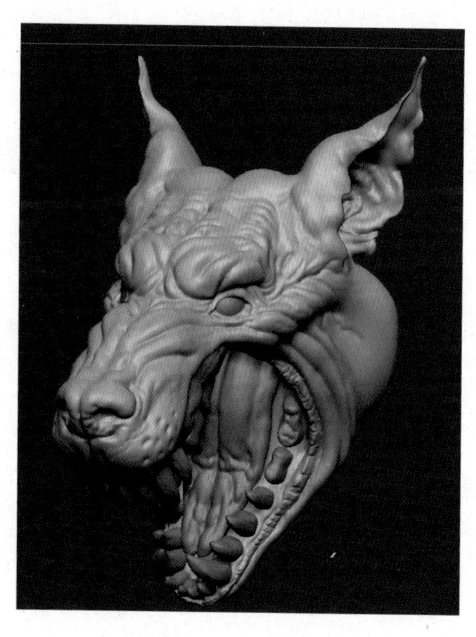

图 3.71　最终效果

第 4 章 卡通小老鼠

经过前两章的角色头部练习后，基本学习了常用的工具和命令。从本章开始，会结合多个工具和命令来制作一个完整的雕刻大作品。

本章先进行一只卡通小老鼠的全身的制作练习，熟悉全身的制作流程后，再制作很复杂的大型生物角色。

学习目标

★ 掌握 ZS 球搭建的制作方式。
★ 了解生物全身重要肌肉及结构体现。
★ 熟练完整角色整体制作思路和步骤。
★ 养成低面把控大型剪影效果的习惯。
★ 掌握角色姿态神态调整的方法。

※ 4.1　ZS 球搭建小老鼠大型

之前没有涉及全身的作品，都偏局部，使用球体去雕刻。全身的作品跨度比较大，如果只用一个球体，效率比较低，并且容易产生结构不圆润、破面等情况，所以需要用 ZS 球先将结构搭建出来。

①打开 ZBrush 软件，新建一个文档，如图 4.1（a）所示。工具栏追加一个 ZS 球体，如图 4.1（b）所示。选择 ZS 球的图层并关闭透视效果，因为 ZS 球在透视下制作会影响视觉，导致 ZS 球位置偏差，如图 4.1（c）所示。

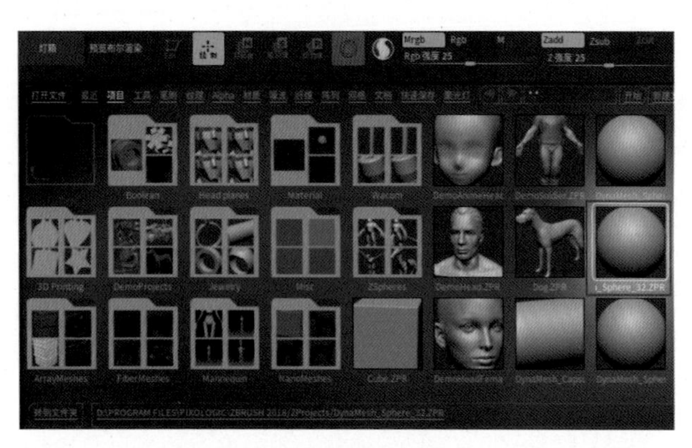

（a）

（b）

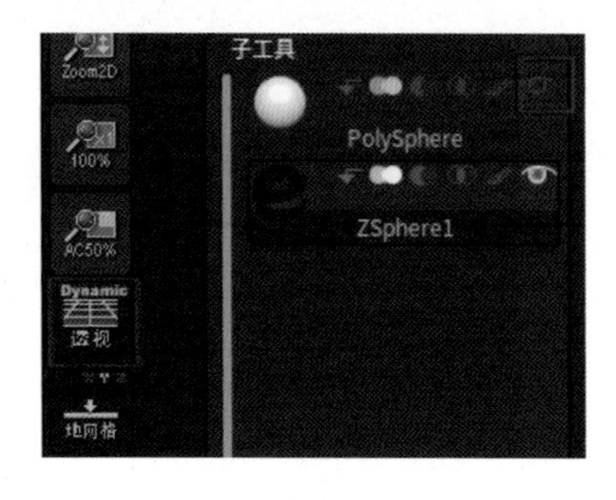

（c）

图 4.1　新建 ZS 球

②在“绘制”开启的状态下，如图 4.2（a）所示，在 ZS 上拖动，新建 ZS 球，如图 4.2（b）所示，并按快捷键 W 改变绘制状态到移动状态下调整 ZS 球位置，如图 4.2（c）（d）所示。然后按快捷键 E 改变移动状态到缩放状态下调整 ZS 球大小，如图 4.2（e）（f）所示。

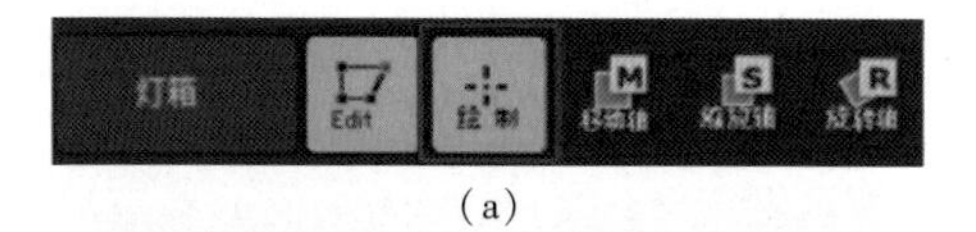

（a）

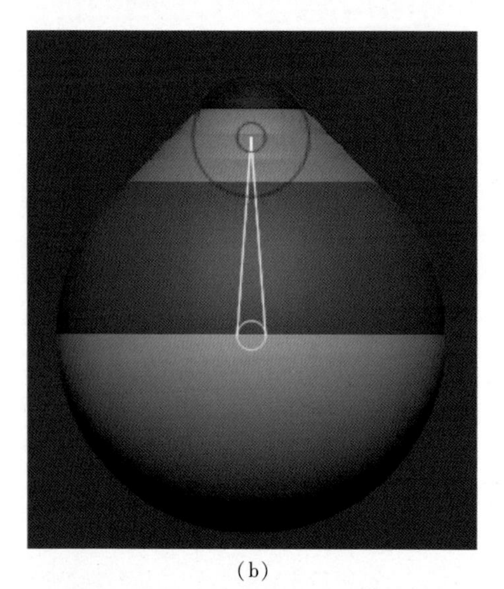

（b）

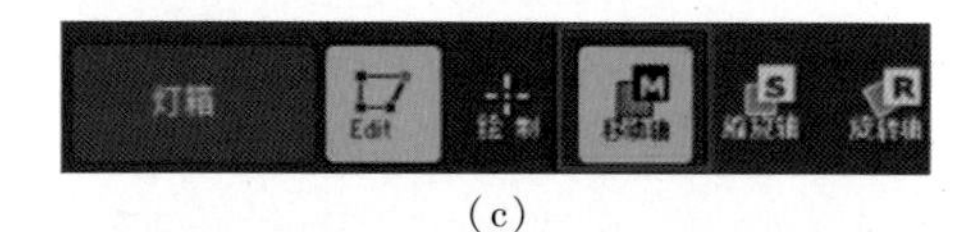

（c）

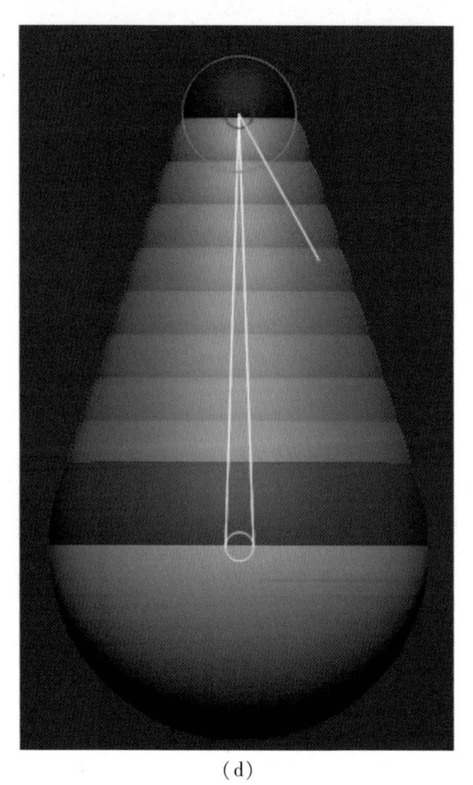

（d）

图 4.2　新添 ZS 球并进行调整

(e)

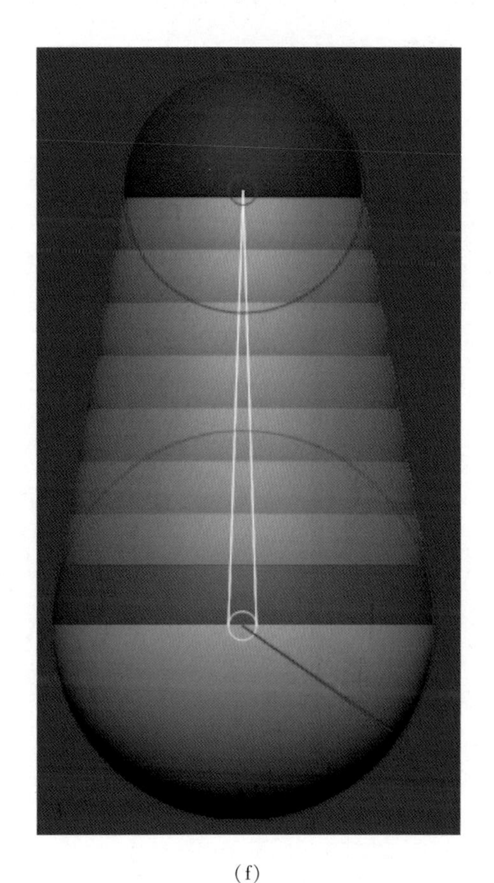

(f)

图 4.2 新添 ZS 球并进行调整（续）

③在不断增加 ZS 球的过程中，如果出错，需要删除 ZS 球，则在绘制模型下使用 Alt 键 + 鼠标左键单击想要删除的 ZS 球即可，如图 4.3 所示。

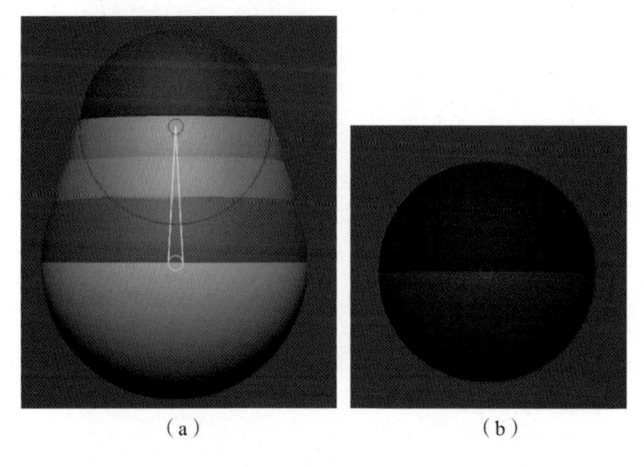

(a) (b)

图 4.3 删除错误的 ZS 球

④使用上述方法步骤，按照参考图结构继续完善 ZS 球结构。注意，在制作中，因为 ZS 球是球体结构，不能在 ZS 球状态就完整建出和参考图相同的结构，所以，在新建 ZS 球过程中，只需在意重点关节结构即可。最终 ZS 效果如图 4.4 所示。

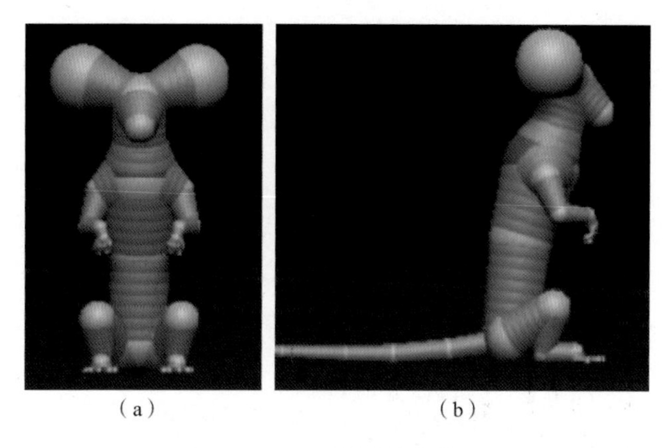

(a) (b)

图 4.4 ZS 球搭建最终效果

⑤在搭建 ZS 球结构的同时，可以随时按快捷键 A 来查看当前 ZS 球结构生成模型后的效果，如图 4.5（a）所示。调整至形态结构都正确后，单击工具栏“自适应蒙皮”中的“生成自适应蒙皮”，将 ZS 球转为模型，如图 4.5（b）所示。最后，在子工具中追加回生成后的模型即可，如图 4.5（c）所示。

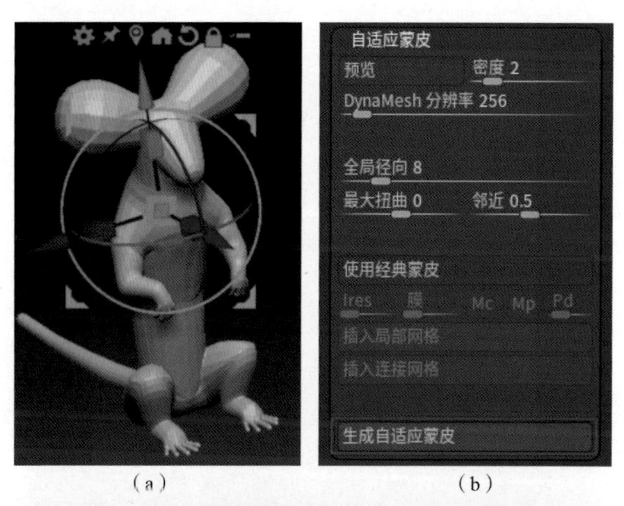

(a) (b)

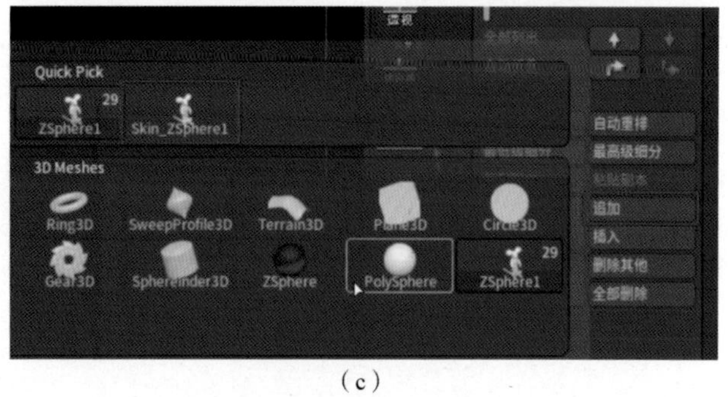

(c)

图 4.5 将 ZS 球生成为 3D 网格

※ 4.2　笔刷塑造结构大型

在生成模型后，需要将模型调整至最低面数作为角色的最低级别。养成在最低面数下完成角色剪影轮廓的习惯，过早地深入细节容易忽视整体造型，导致后期成品效果不佳。

①生成3D网格模型后，为了避免ZS球创建过程中出现模型不对称的情况，一般会先执行“镜像连接”，强制对称模型，如图4.6（a）所示。然后执行“ZRemesher”自动拓扑命令，调整生成后的模型面数及布线，如图4.6（b）所示。

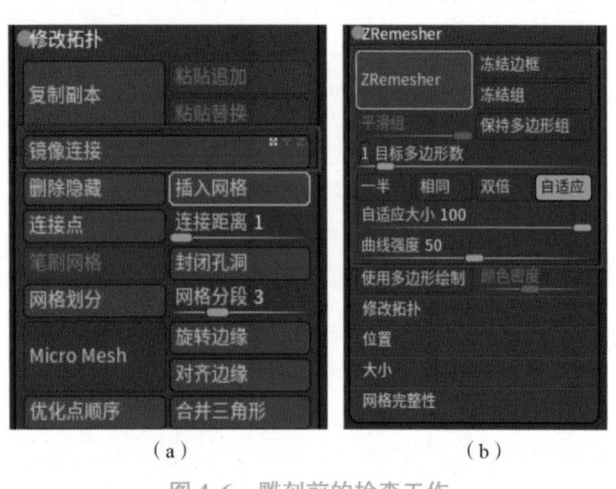

（a）　（b）

图4.6　雕刻前的检查工作

②ZS球的搭建在形态上肯定有不尽如人意的地方，例如小老鼠上半身有向前倾的形态，需要再对大型进行调整。按住Ctrl键切换到Mask笔刷，将绘制模型改为“Lasso”套索模式，如图4.7（a）所示，然后遮罩住上半身部分，如图4.7（b）所示。按住Mask，单击空白处，反选Mask遮罩，并使用移动笔刷调整上半身姿态，如图4.7（c）所示。

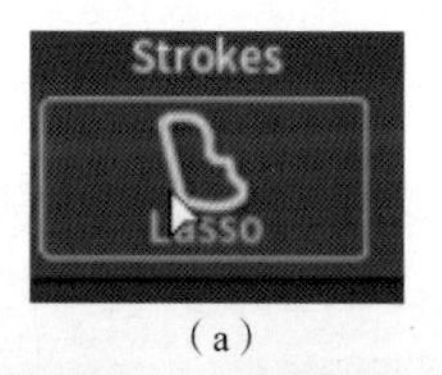

（a）

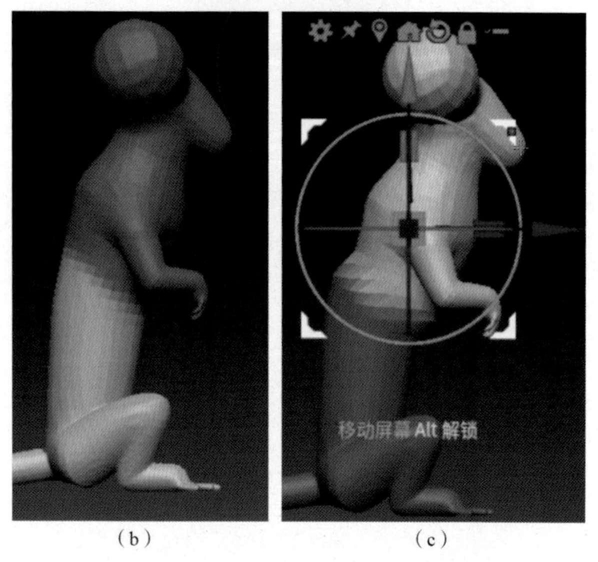

（b）　（c）

图4.7　Mask遮罩调整老鼠上半身姿态

③接下来使用ClayBuildup及Move两个笔刷搭配雕刻、调整结构形态，要在尽可能低的面数状态下，将基本剪影轮廓全部抓到，多角度观察和参考，要基本无误差，如图4.8所示。只要将大型抓准，一个角色的神态、形态就很快凸显出来。

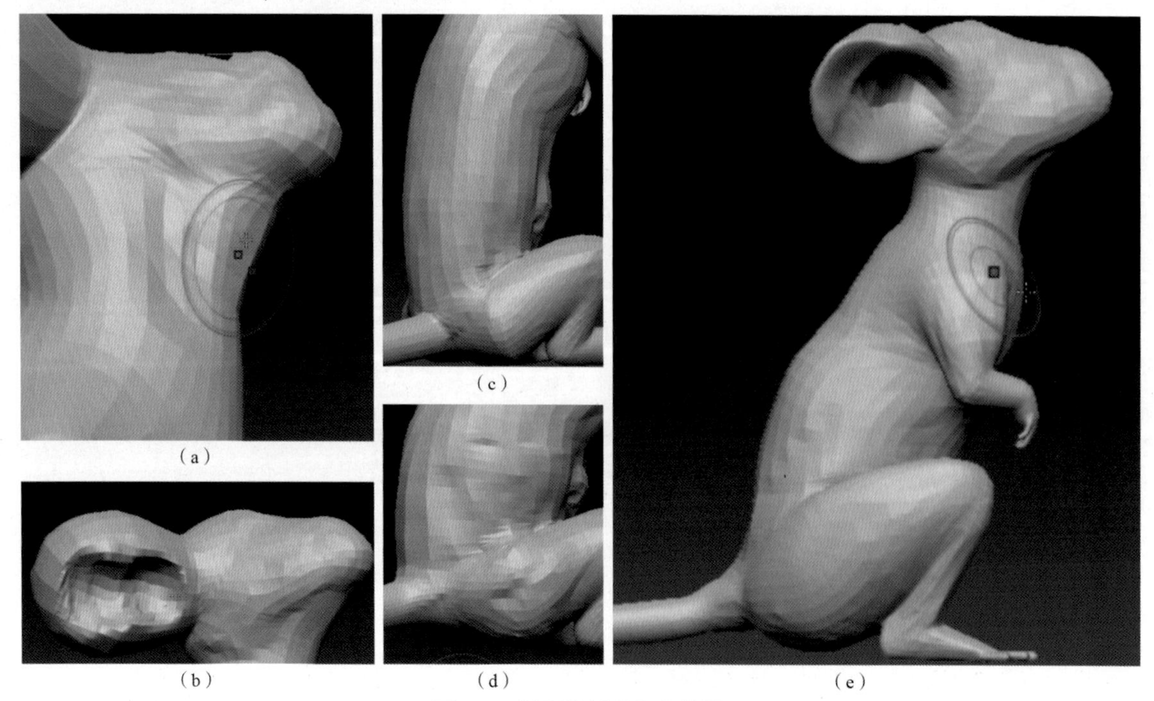
（a）　（b）　（c）　（d）　（e）

图4.8　低面数抓准角色造型

④在确定大型后，按 Ctrl + D 组合键细分网格面数。在更多面数的支持下，依次对每个结构进行细化，从最重要的头部开始，然后追加眼球开启透明显示，并将眼球放置到合适位置，如图 4.9 所示。

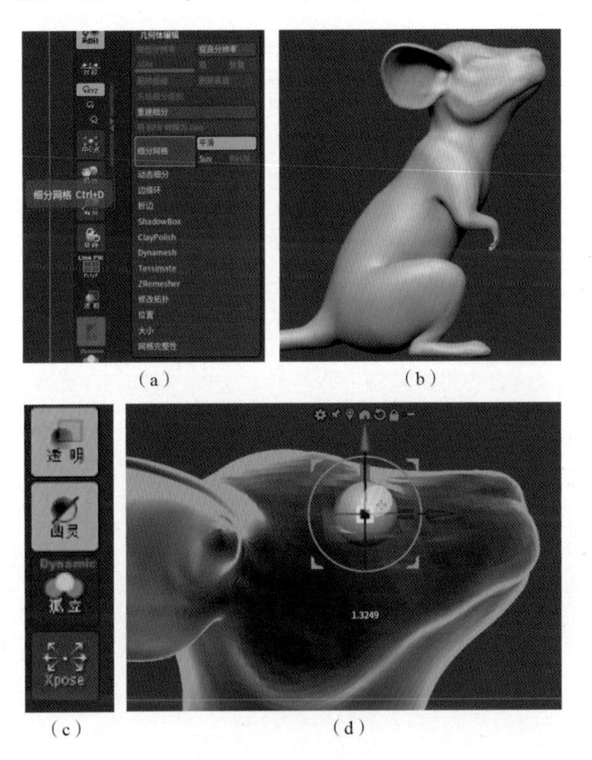

图 4.9 追加眼球

⑤根据追加的眼球，雕刻眼部、头部，依次往下完善全身的肌肉结构。注意，对眼部位置的大型结构雕刻，需要花更多的时间去抓住角色的神态，如图 4.10 所示。

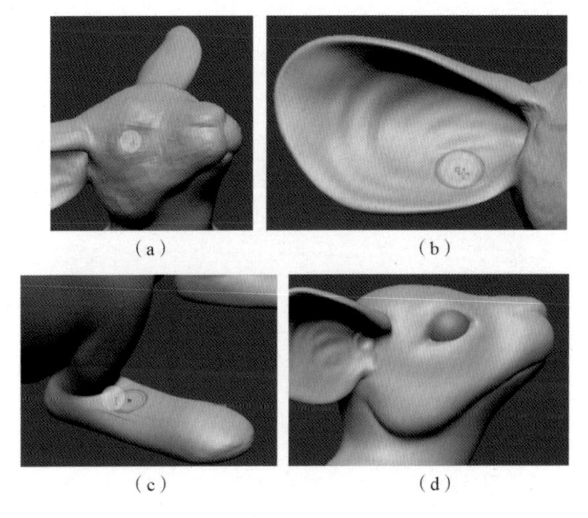

图 4.10 雕刻头部结构

※ 4.3 深入皮肤纹理细节雕刻

在确定完整体结构大型后，需要对角色的表面纹理细节进行一些塑造，增强角色的细节看点真实度。小老鼠的表面细节就是它的毛发、毛孔等，但是本次制作的老鼠不是写实风格，卡通风格的体现方式不用面面俱到，纹理会更加大。抓住这些细节，才能体现出整体的神态。

①要塑造细节，需要先将面数升上去，进入精细的高模雕刻。在制作时，不仅要添加细节，还要把卡通风格带进去，如图 4.11 所示。

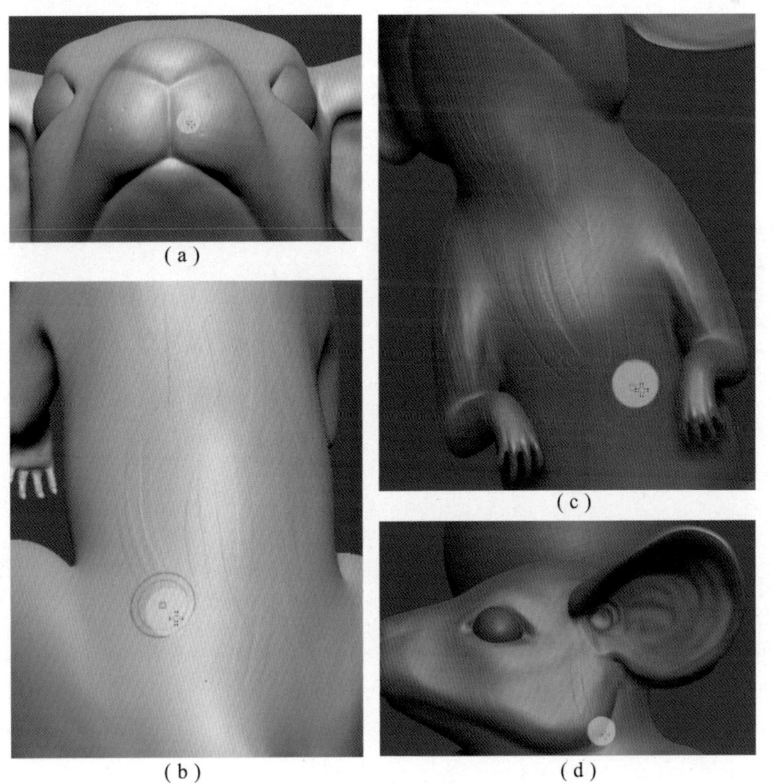

图 4.11 卡通小老鼠表面纹理塑造

②雕刻上去的纹理细节笔触感较强，需要柔化一下毛发的起始点和终结点，让毛发的体现既有雕塑看点，又有卡通风格，如图 4. 12 所示。

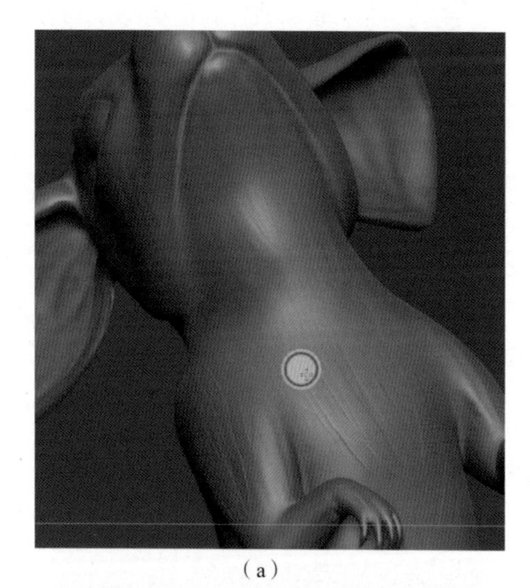

（a）

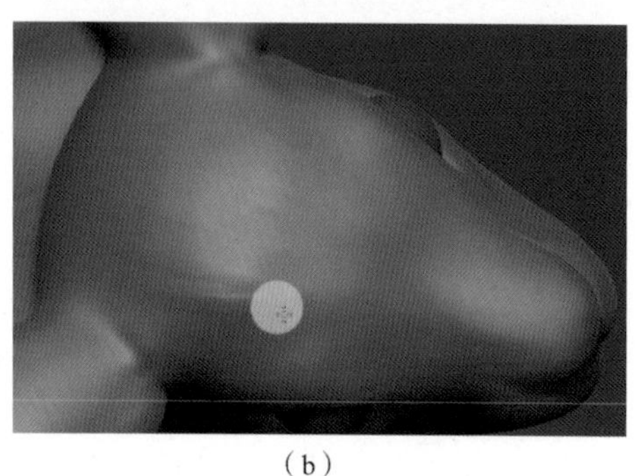

（b）

图 4. 12　柔化毛发效果

※ 4. 4　TPose 调整小老鼠姿态

完成造型表面纹理细节，还不算完成一个作品，还要增加角色的神态，不能让角色留在 TPose 的一个比较生硬的状态。

①调整姿态是不能只顾身体而不顾其他结构的，单击“Z 插件”中的“TPoseMesh”，就可以将显示的图层暂时合在一起，如图 4. 13（a）所示。首先调整一下头部，Mask 遮罩住头部，Mask + 鼠标左键反选一下遮罩，然后 Mask + 左键单击遮罩处模糊一下遮罩，按快捷键 R 进入旋转状态。旋转头部，如图 4. 13（b）所示。

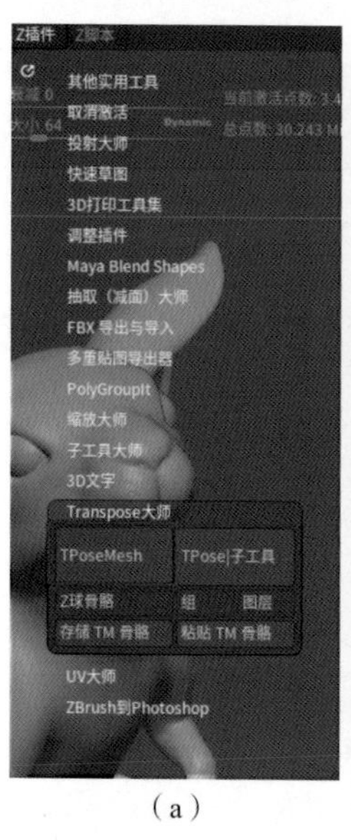

（a）

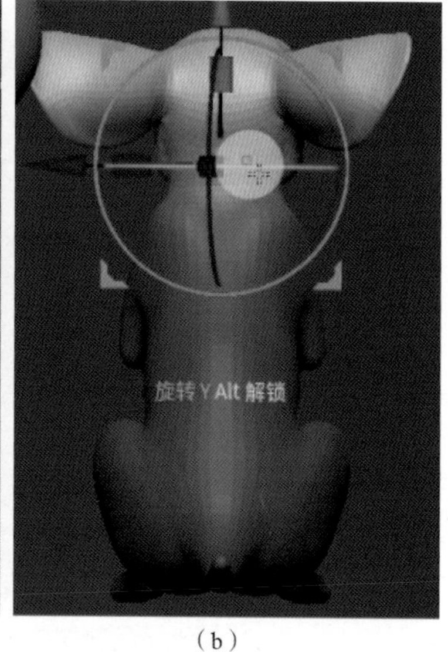

（b）

图 4. 13　调整头部姿态

②接着依次按照这个方法步骤调整耳朵、手、尾巴，如图 4. 14 所示。

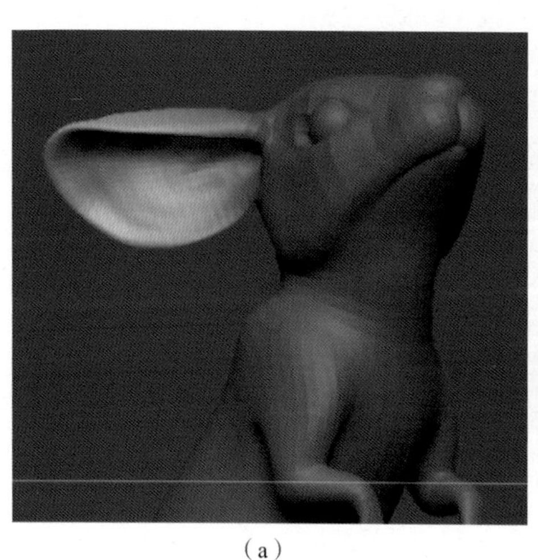

（a）

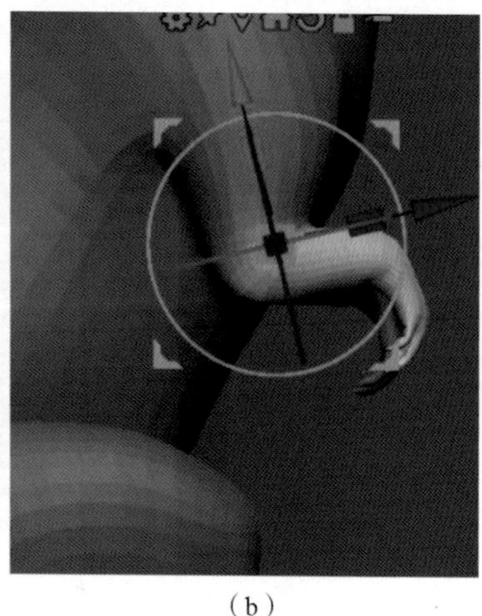

（b）

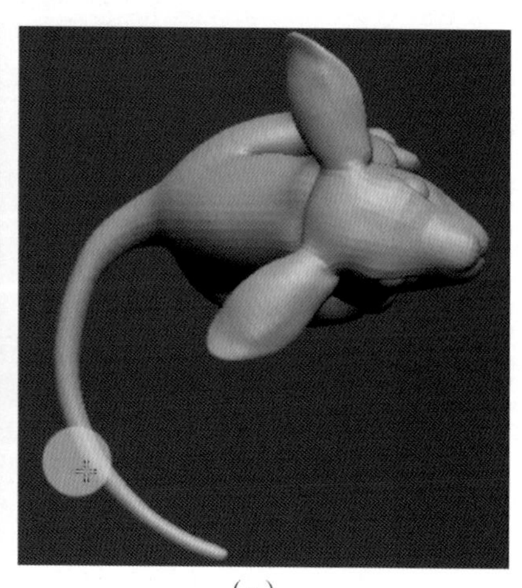

（c）

图 4. 14　身体其他部位姿态调整

③调整完姿态后，单击“TPose”→“子工具”退出 TPose 状态，如图 4.15 所示。

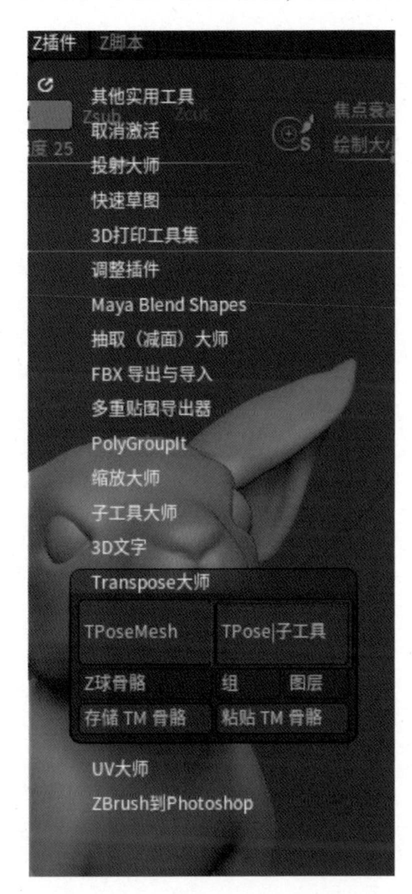

图 4.15　退出 TPose 状态

第5章 大型生物角色雕刻实战——龙

上一章的小老鼠只是步入完整角色的初步练习，为本章雕刻大型生物角色奠定了基础。

本章练习参考的是 Substance Painter 2018 的官方案例。

学习到本章，知识点已经不会再更新很多了，主要是练习一种制作逻辑思路，以更好地把控、权衡级别面数与模型精细度。

学习目标

★ 掌握复杂大型的搭建方法。

★ 习惯低面数建模。

★ 熟练精细表面的塑造方式。

※ 5.1　ZS 球搭建龙身体大型

基本操作和搭建小老鼠时的是一样的，差别在于本次搭建角色的姿势比较复杂，有很多挤在一起的结构，需要暂时忽略一些结构，当作它本来就是松展的状态去雕刻，所有细节都雕刻完毕后，再回到最低级别对姿态进行调整。

①使用 ZS 球将龙大型搭建出来，基础操作步骤可以参照小老鼠的搭建，如图 5.1 所示。

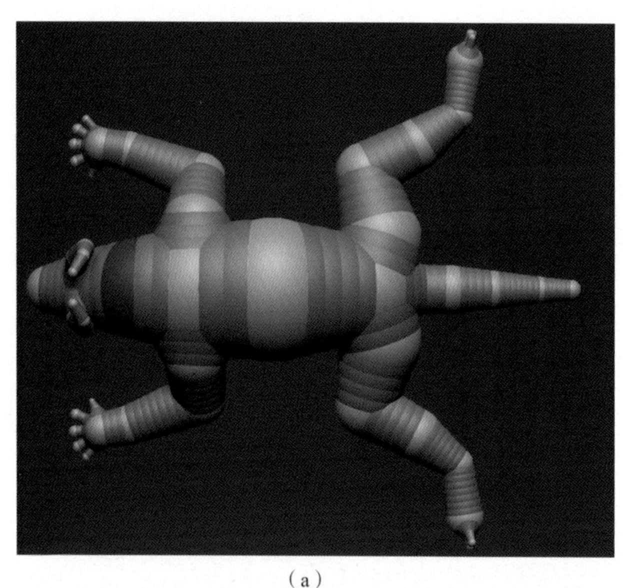

(a)

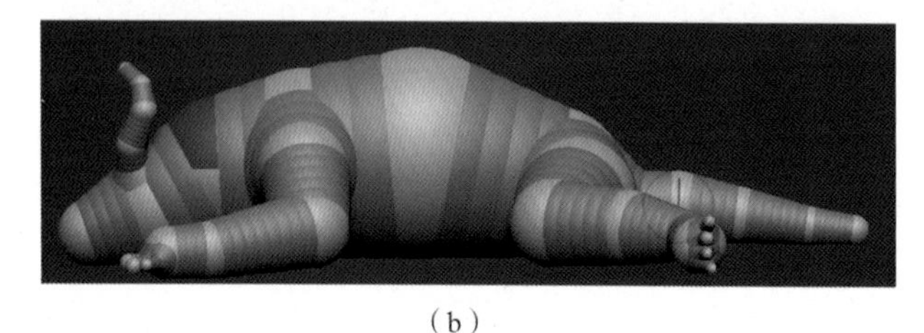

(b)

图 5.1　ZS 球搭建大型

②搭建好后生成自适应蒙皮，如图 5.2（a）所示。在子工具中追加回生成后的模型，如图 5.2（b）所示。

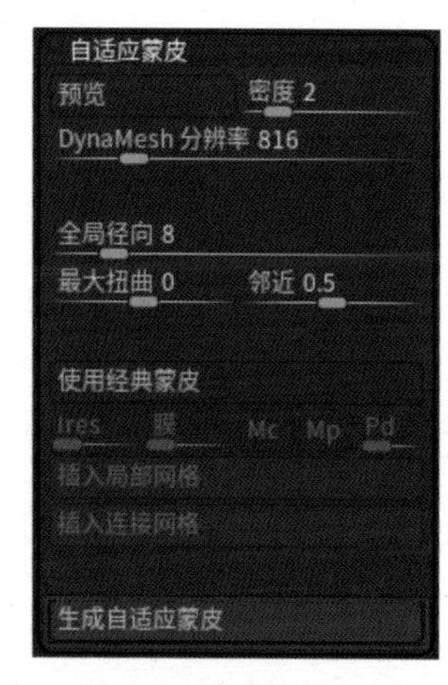

(a)

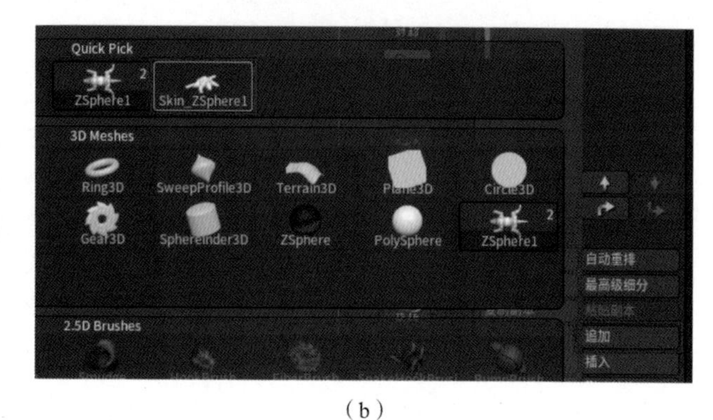

(b)

图 5.2　ZS 球转为模型

※ 5.2　低面数笔刷塑造大型

转成模型后的身体大型都是很粗糙的，需要使用 ClayBuildup 和 Move 等笔刷在最低的面数下不断修饰结构，不断参考多角度的参考图去准确定位每个角度的剪影造型，如图 5.3 所示。

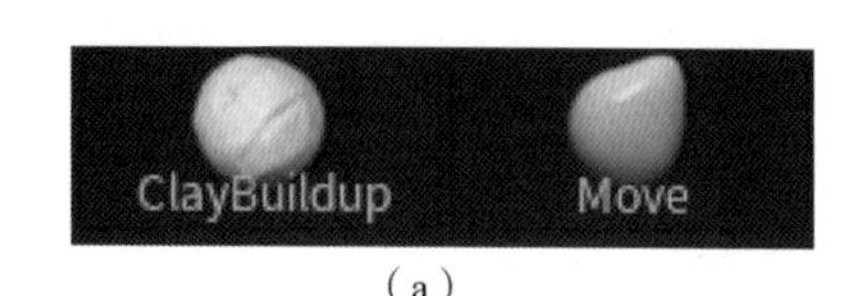

(a)

图 5.3　低面数笔刷修饰大型

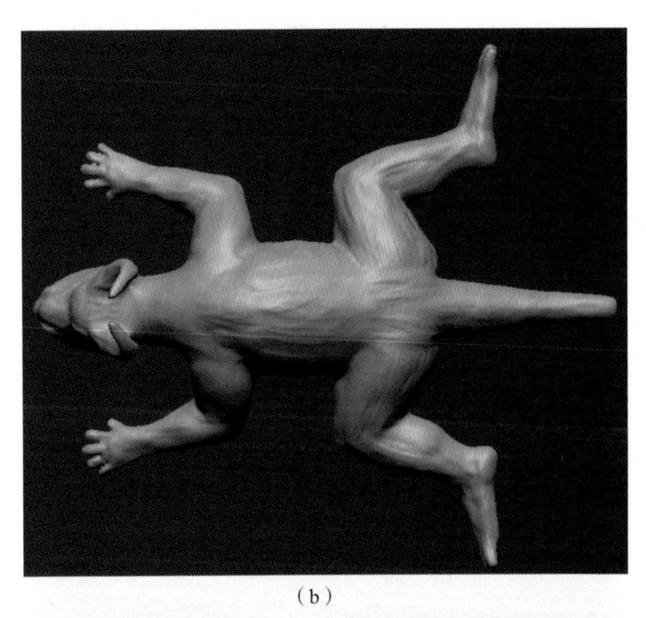

(b)

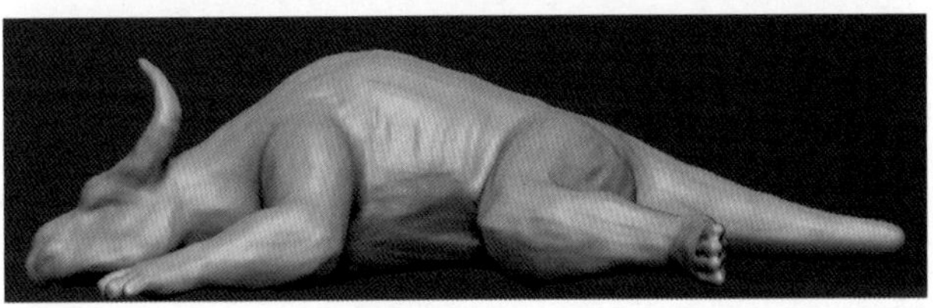

(c)

图 5.3 低面数笔刷修饰大型（续）

※ 5.3 身体肌肉大型塑造

确定剪影后，龙的基本型塑造好了。接下来需要给龙添加肌肉、丰富真实度和小的结构起伏。

其实四足大型哺乳动物的骨骼肌肉结构都是相似的。这是一只偏西方风格的龙，这种龙在现今生活中基本没有参照，都是艺术家们在现有的基础上合理地推断产生的。所以，在雕刻龙的肌肉时，可以参考四足哺乳动物的骨骼肌肉结构，例如狮子，如图 5.4 所示。

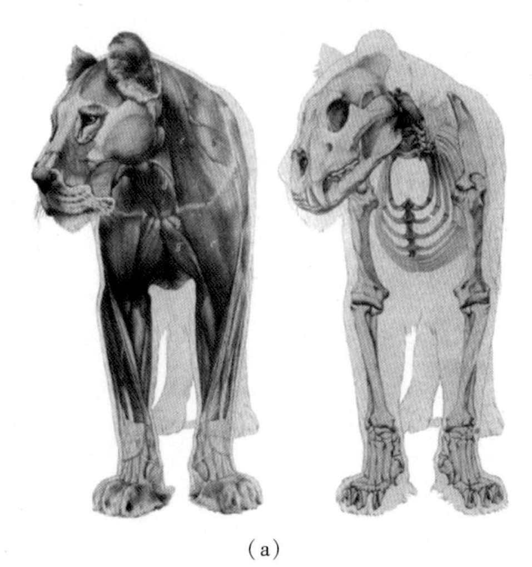

(a)

图 5.4 参照狮子的肌肉来完善龙肌肉结构

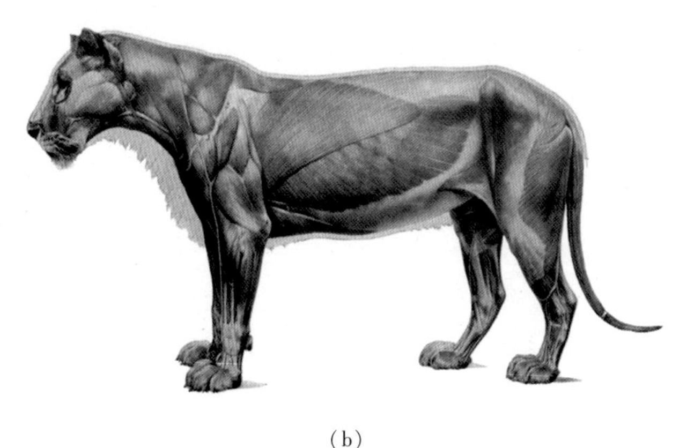

(b)

图 5.4 参照狮子的肌肉完善龙肌肉结构（续）

参照狮子的肌肉结构，在本节只需对身体的肌肉大型进行塑造，不要过早地细分级别。

不改变级别，使用笔刷参照肌肉参考图对每个结构进行肌肉大型雕刻，如图 5.5 所示。

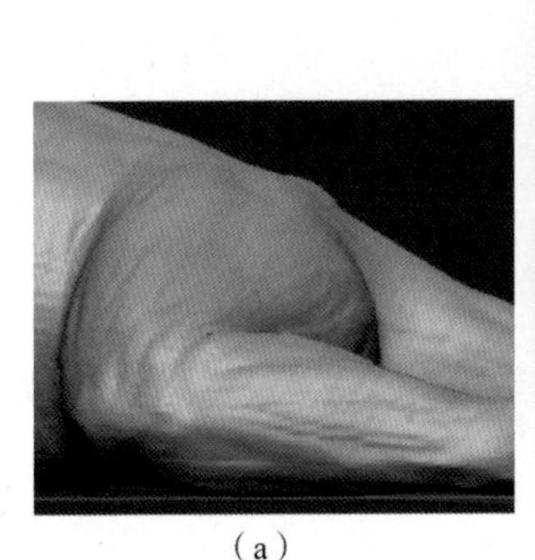

(a)

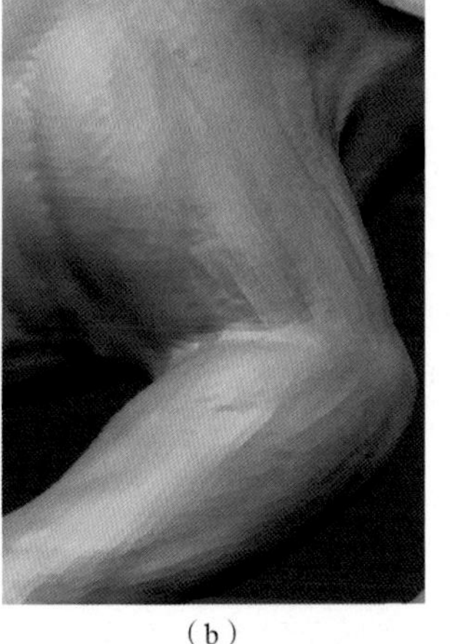

(b)

图 5.5 参照雕刻肌肉

※ 5.4 附加物体及 ID 分组

身体的基本型都完成了，但是眼睛、爪子、翅膀等部位还需要雕刻。

①先附加一下翅膀。因为翅膀的结构复杂，直接从零开始制作的话太费时间，所以选择先导入一个准备好的翅膀的基本型，在基本型上进行雕刻。在龙身体上拖拽，新建羽翼，如图 5.6 所示。

(a)

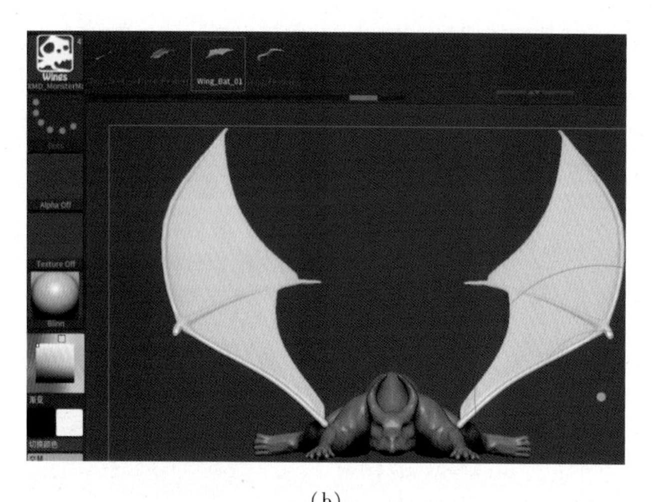

(b)

图 5.6　导入并新建羽翼基本型

②接下来需要将羽翼从龙身上分离下来，这就需要用到分组。但是 ZB 的分组是根据模型 ID 进行拆分的。单击 Line Fill PolyF 后，模型上显示色块，一个色块代表一个 ID。

要拆分的话，需要保证身体一个 ID、翅膀一个 ID。这样才可以只把翅膀分开为另一个图层，不会导致龙整个身体四分五裂。查看 ID，如图 5.7 所示。

图 5.7　查看 ID

③单击“多边形组”里面的“自动分组”，如图 5.8 (a) 所示，即可将龙身体单独分为一个 ID。先附加一下翅膀，如图 5.8 (b) 所示。

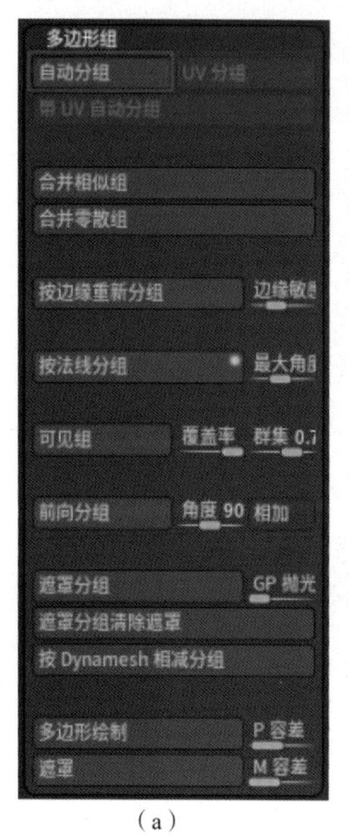

(a)

(b)

图 5.8　给模型进行 ID 分组

④单击“子工具”列表中的“拆分”，然后单击“分组”→“多边形组”里面的自动分组，即可将龙身体单独分为一个ID，翅膀分离到其他图层，如图5.9所示。

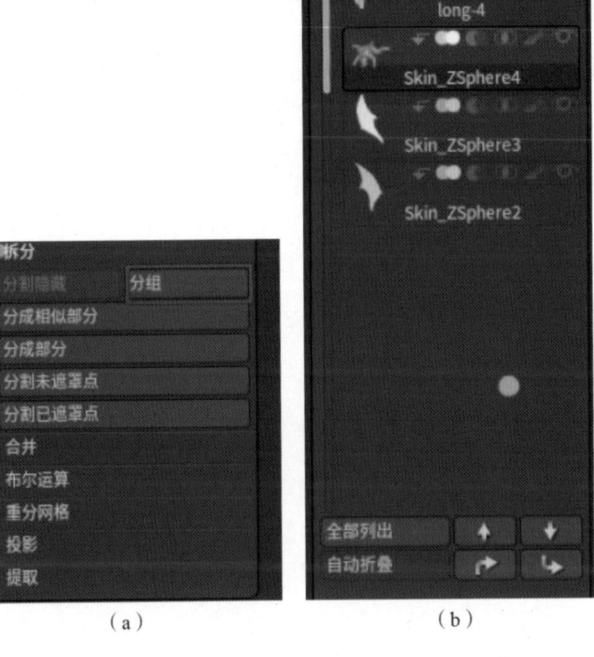

（a） （b）

图5.9 根据ID分图层

⑤将拆分好的羽翼进行摆放，然后将摆放好的一边的羽翼进行“镜像连接”，对称至另一边，如图5.10所示。

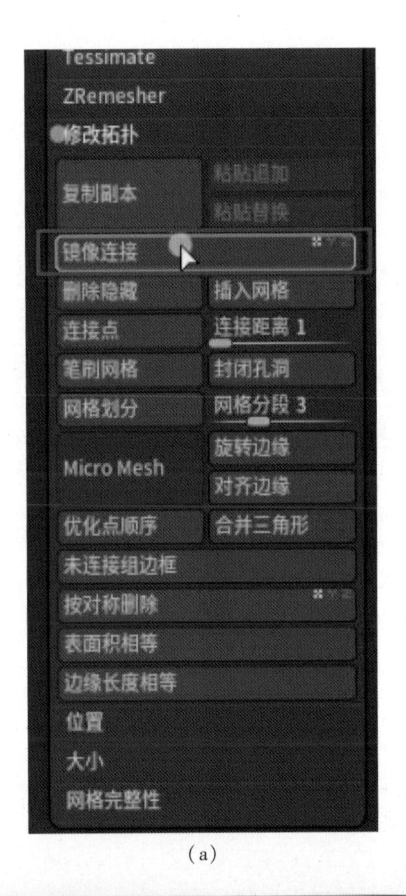

（a）

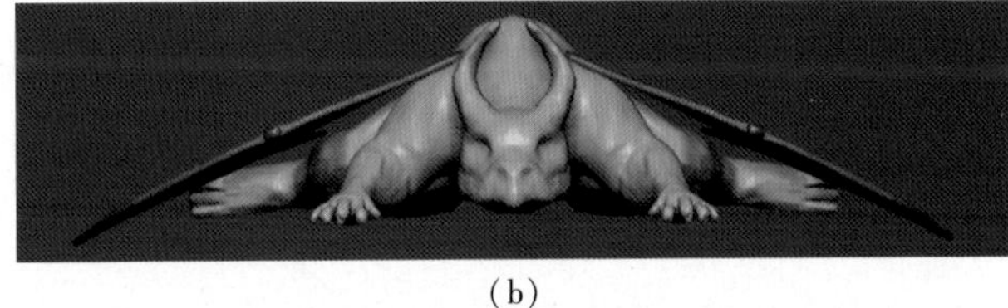

（b）

图5.10 摆放羽翼并对称

⑥爪子和眼球等结构不复杂，只需添加一个球体作为基本型，如图5.11所示。相同的物体可以复制共用的，可以只雕刻一个。

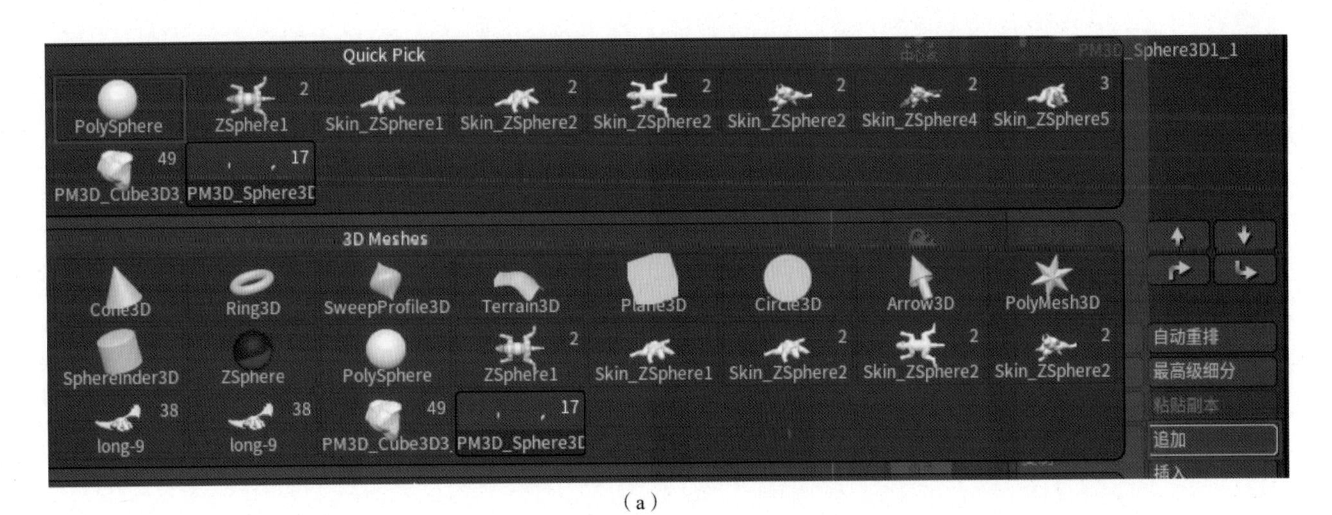

（a）

图5.11 附加球体雕刻

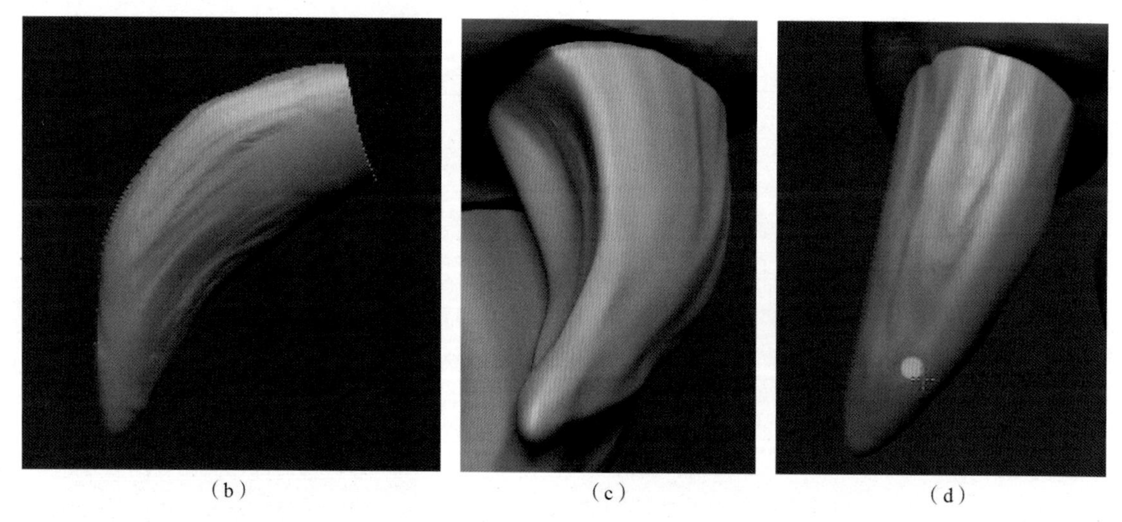

（b）　（c）　（d）

图 5.11　附加球体雕刻（续）

※ 5.5　身体各部位细节深入雕刻

本节会对全身已经准备好的基本型进行按部位细节深入雕刻。从头部开始，进行细分级别后精细表面的雕刻。

①为了方便雕刻，需隐藏雕刻。从头部往下依次进行细节塑造，如图 5.12 所示。

②继续对全身的细节分步骤雕刻，如图 5.13 所示。全身的细节细化工作量很大，需要慢慢完成。在此过程中，不要去重新布线或者自动拓扑，因为这两个命令都会让模型丢失级别。

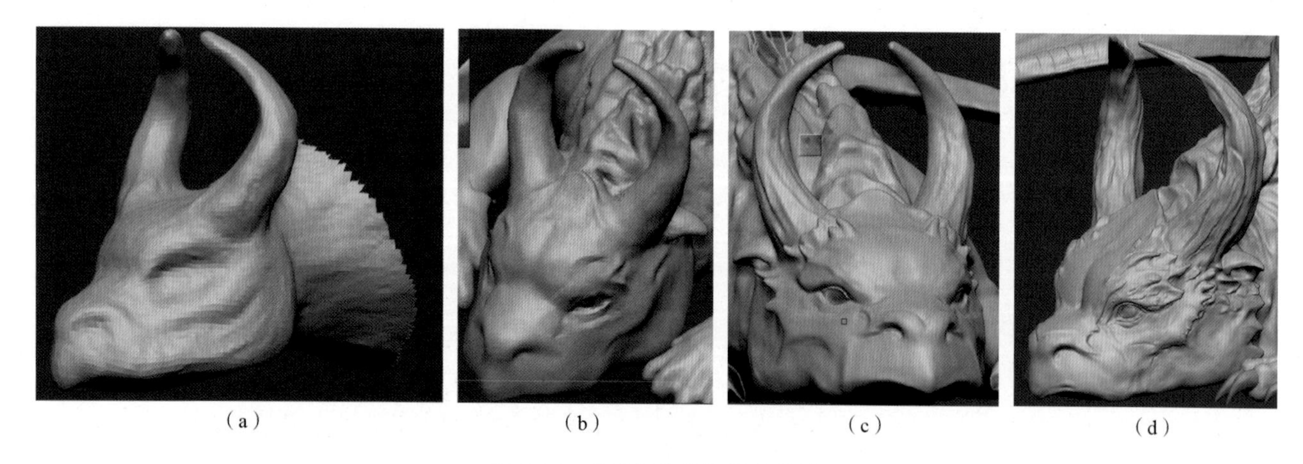

（a）　（b）　（c）　（d）

图 5.12　头部细分进行细节雕刻

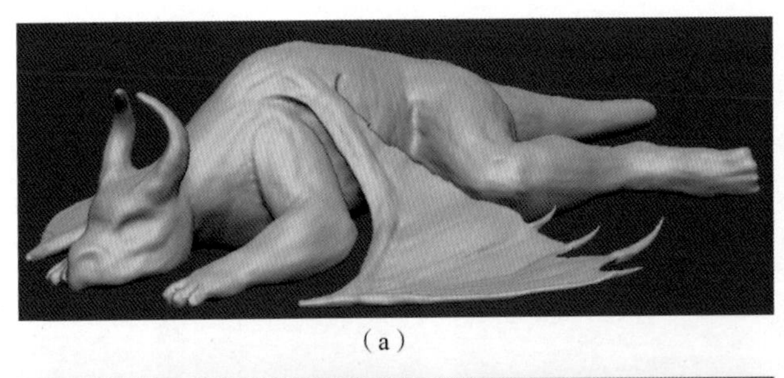

（a）

（b）

（c）

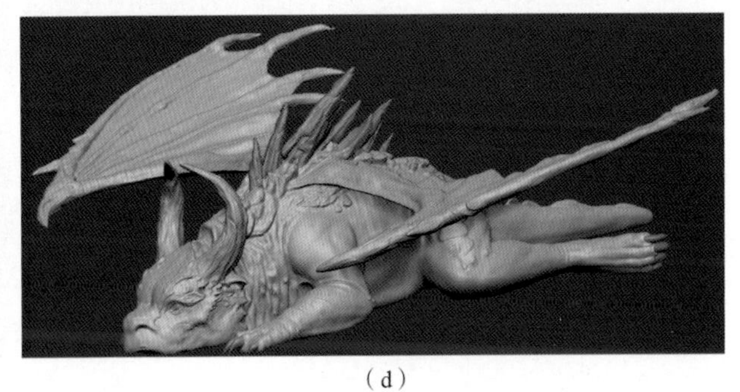

（d）

图 5.13 完成全身的细分及细节雕刻

※ 5.6 Alpha 制作精细表面纹理

①打开参考图，找出需要塑造的细节元素截图，以方便去库中找类似的纹理进行塑造，如图 5.14 所示。

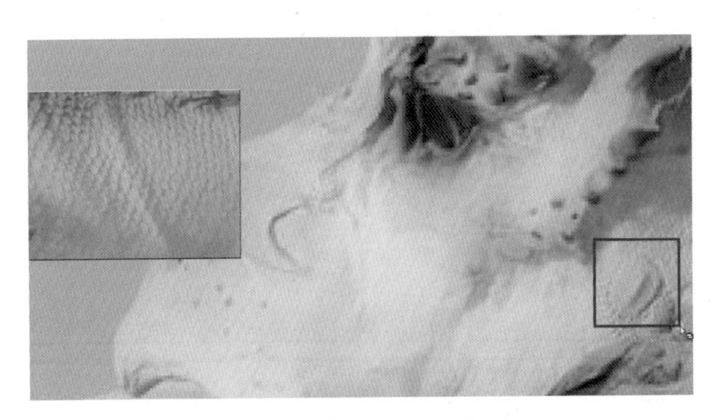

图 5.14 截出需要塑造的元素

②在准备好的 Alpha 库中找寻类似的纹理素材，放在同一文件夹中预备好，如图 5.15 所示。

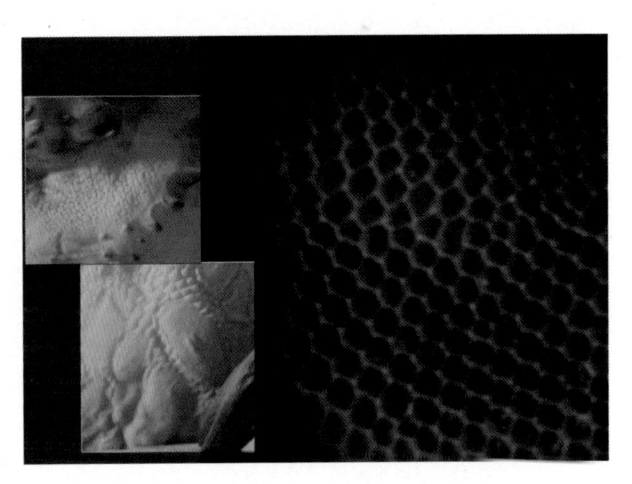

图 5.15 找寻类似的纹理提取出来

③在 ZB 中选择 Standard 笔刷。准备导入 Alpha，如图 5.16（a）所示。单击笔刷属性中的“Alpha”的“导入”，将准备的 Alpha 都导入 ZB 中，并将绘制模式改成“DragRect”，如图 5.16（b）所示。

④根据参考图绘制表面纹理，要多次尝试得到合适的笔刷大小及笔刷强度去塑造皮肤肌理，如图 5.17 所示。

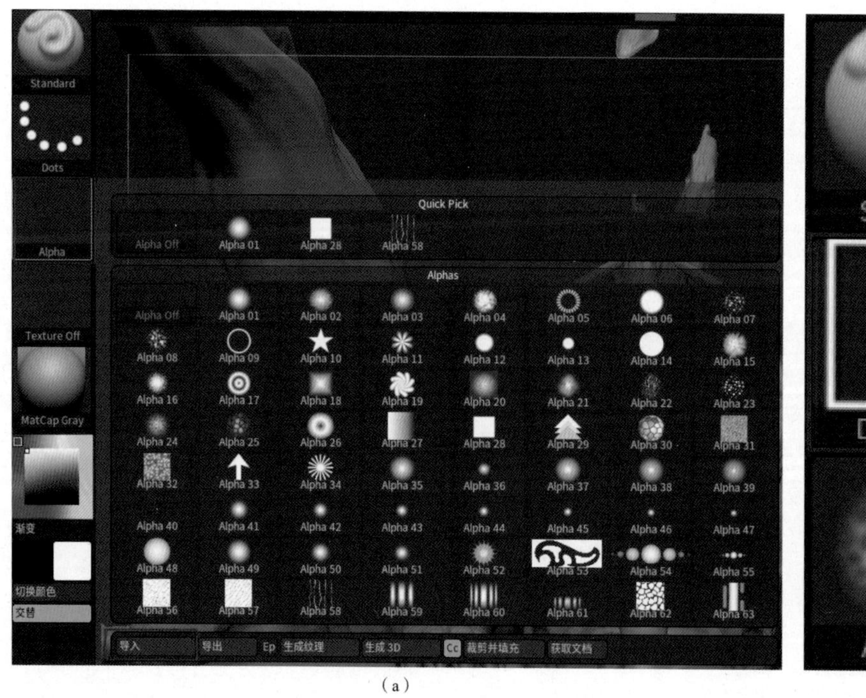

（a）　（b）

图 5.16　导入 Alpha

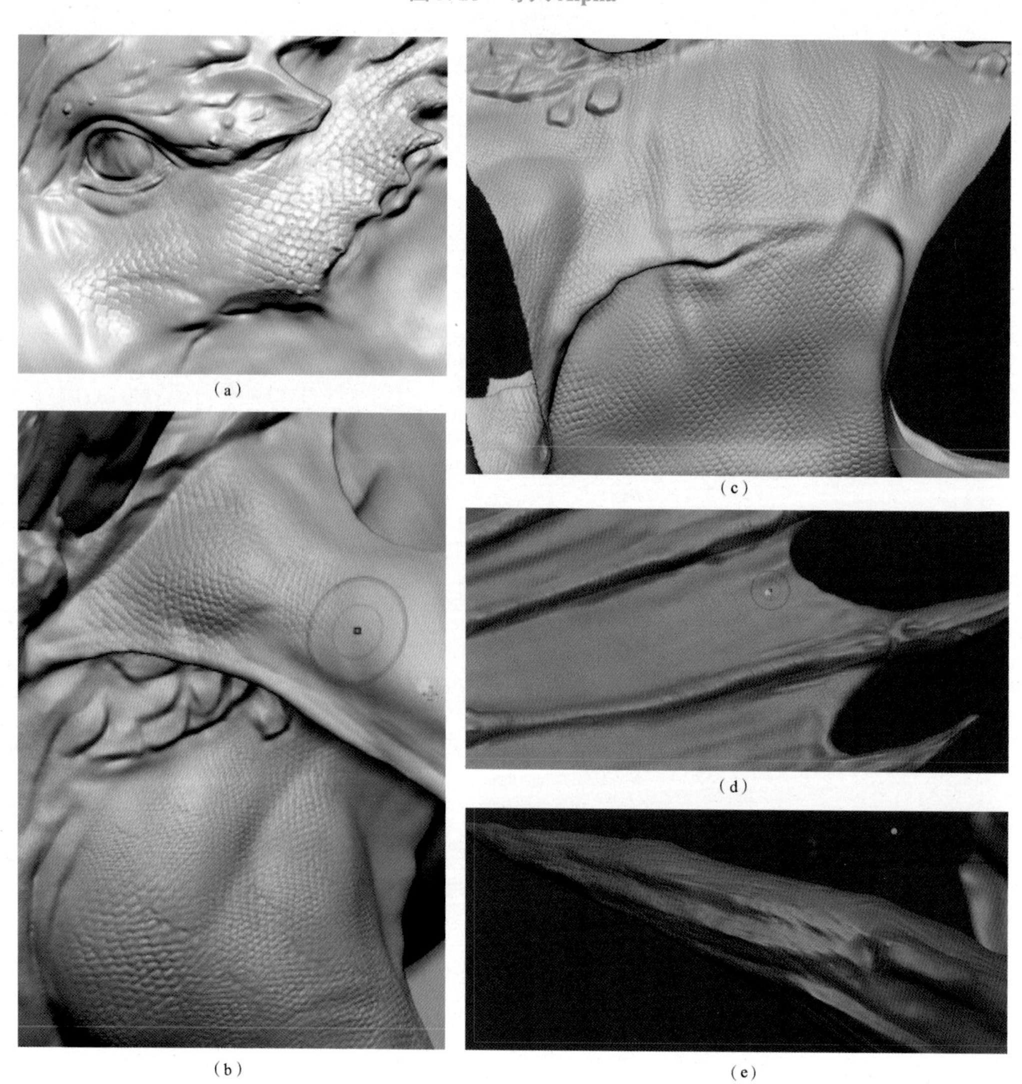

（a）　（b）　（c）　（d）　（e）

图 5.17　绘制表面 Alpha

第6章 硬表面石头雕刻

在本章之前都是一些类似肌肉这样的柔和软表面雕刻，本章将学习硬表面的雕刻，以龙背上的石头作为案例学习。

硬表面的雕刻不同于软表面可以用 **ClayBuildup** 笔刷慢慢地在低级别刮出结构，而是需要借助几何体的硬边来组合，快速塑造出锋利的边缘，再配合 **DamStandard** 笔刷去丰富锐利线条，最后使用 **Alpha** 笔刷增加表面纹理细节。

学习目标

★ 掌握几何体搭建组合，制作复杂石块。

★ 使用笔刷丰富硬边效果。

★ 复制同类型石块，制作岩石群。

※ 6.1　几何体搭建合成硬表面石块

如果直接以球形基本体作为基础去雕刻的话，很难把硬边的效果在短时间内塑造得比较真实且随机。所以本节采用“几何体搭建合成硬表面石块”的方法来快速达到随机的硬表面效果。

①追加一个长方体，如图 6.1（a）所示。使用缩放工具的 Y 轴拖动去拉长长方体的高度，如图 6.1（b）所示。按快捷键 Ctrl + Shift + D 复制长方体图层，如图 6.1（c）所示。

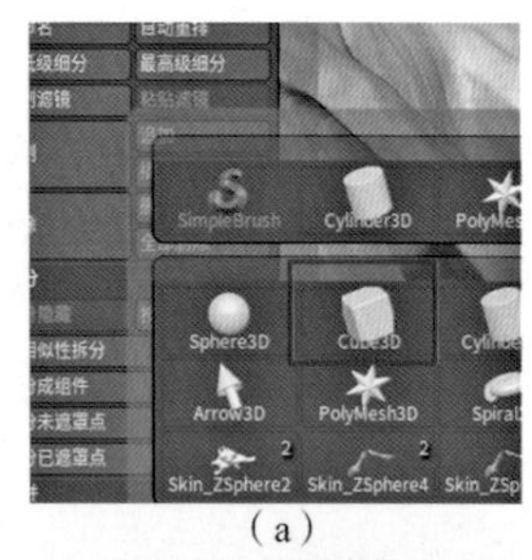

（a）

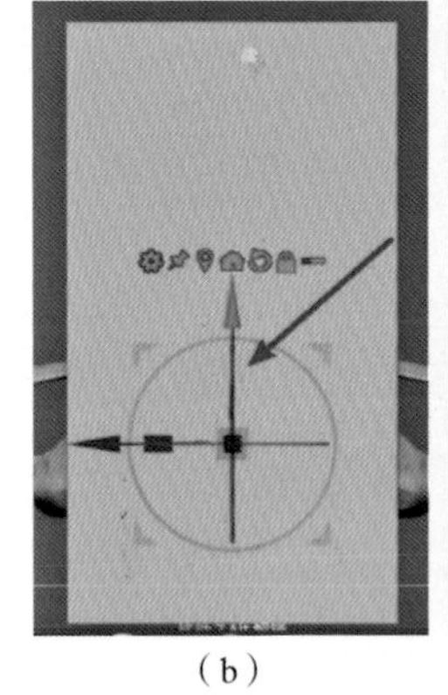

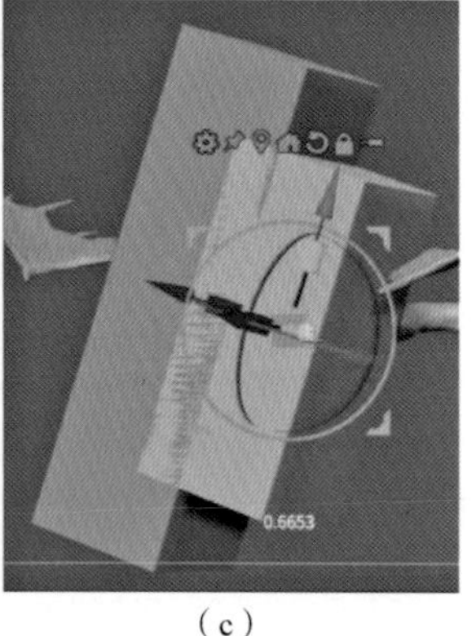

（b）　　（c）

图 6.1　追加长方体并改变形态

②完成几何体搭建后，先合并复制出来的长方体图层，如图 6.2（a）所示。然后将其重新布线，融合成一个物体，如图 6.2（b）所示。

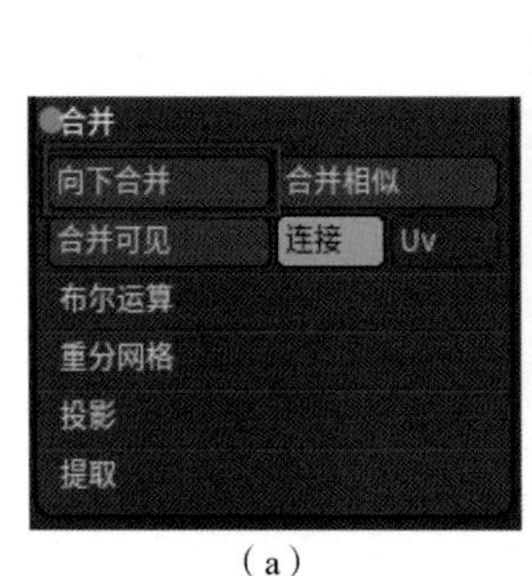

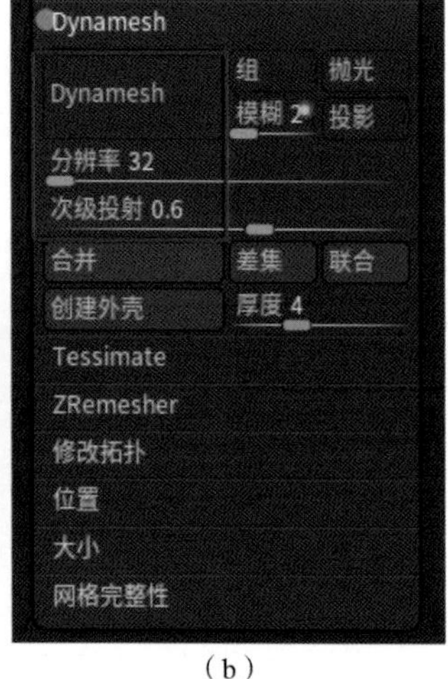

（a）　　（b）

图 6.2　合并成一个物体

※ 6.2　笔刷塑造岩石大型

搭建后的几何体组成还只是一个毛坯，需要使用笔刷进行修饰，会用到 ClayBuildup、Move、TrimDynamic、DamStandard 等多种笔刷配合调整石块的形态，如图 6.3 所示。

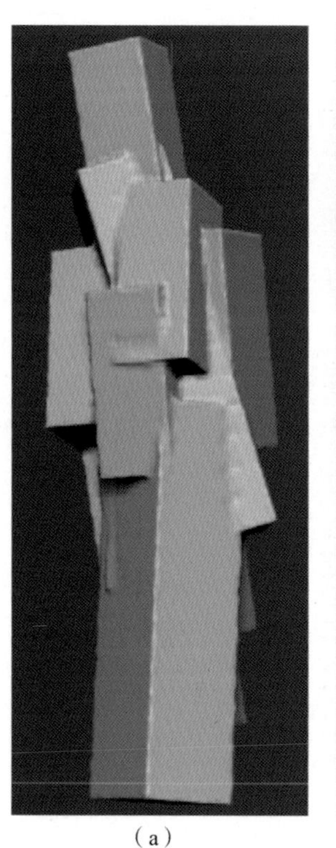

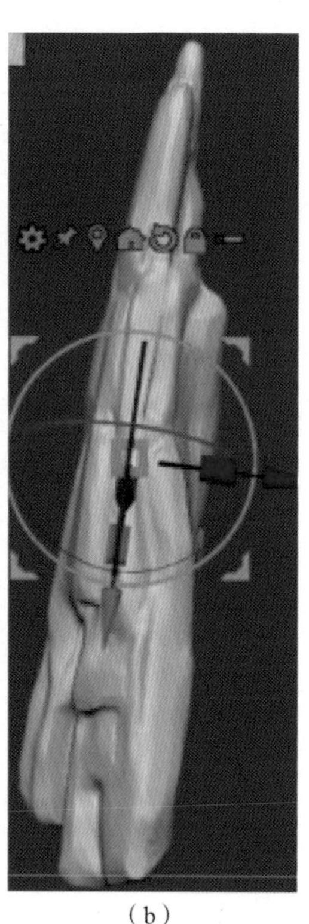

（a）　　（b）

图 6.3　使用笔刷细化岩石形态

※ 6.3　复制并改变造型，制作背部石块群

学会制作一个岩石后，当面对数量庞大的岩石群时，应该换一种思路，例如龙背上的岩石群体，通过不断地复制已经制作好的岩石，改变其造型，完成岩石群的制作。

注意，在摆放的时候，要避免排列情况出现，应该增加随机感，如图 6.4 所示。

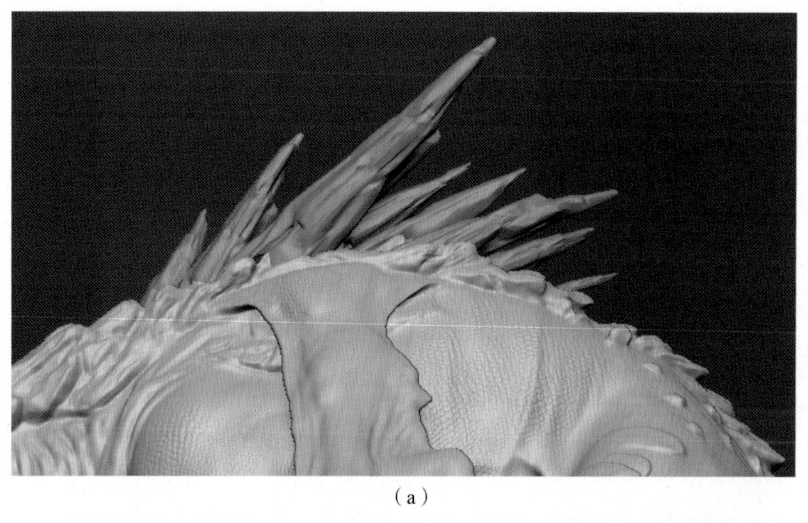

（a）

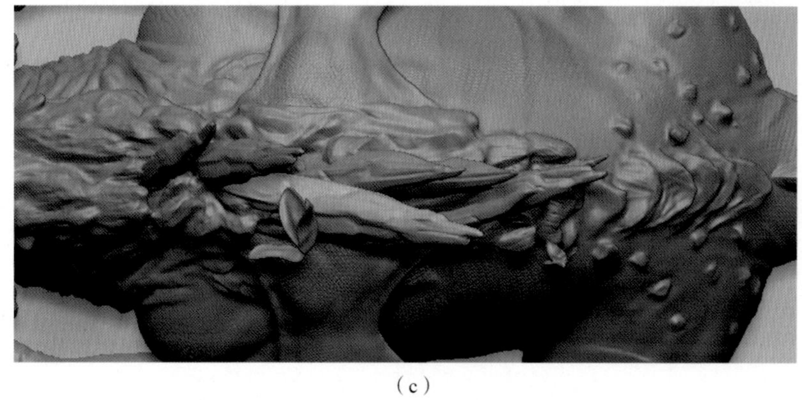

（c）

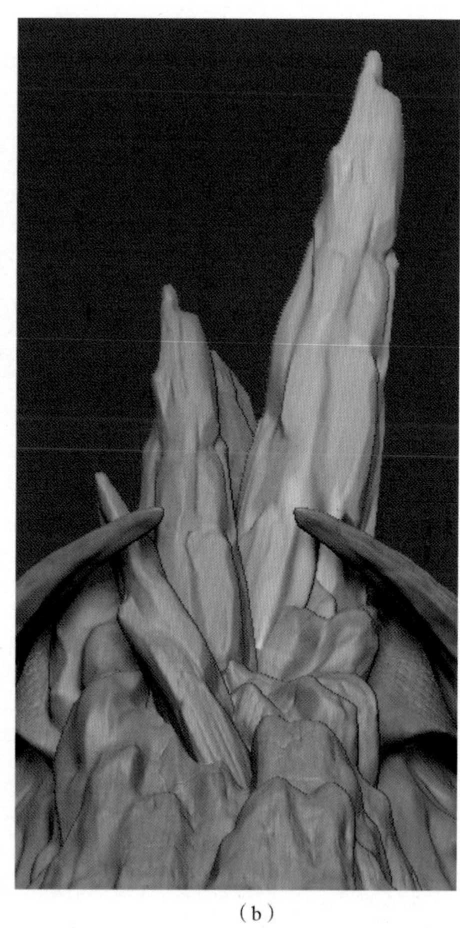

（b）

图 6.4 随机摆放岩石

第 7 章
氛围塑造及小场景搭建

到本章为止，已经完成了整个大作品的主角部分，再增加一些场景的搭建和主角姿态的摆放，就完成整个大作品的制作了。

小场景中包括底座的石头、背后的大树等，有了这些陪衬，可以突出作品主角的一种意境；并且不能让角色停留在对称僵硬的姿势，这样缺少动态。本章对姿势的调整会用到和小老鼠 **TPose** 相同的制作方式。

学习目标

- ★ 熟练 **TPose** 结合遮罩完成姿态调整。
- ★ 加强级别控制及细节深入。

※ 7.1　雕刻底座石块

之前雕刻过岩石，但是本章的岩石是没那么多棱角和锐利边缘效果的岩石。在制作方法上会略有不同，要更多地把控平台上的细微起伏和自然的切面。

①追加一个圆柱体，如图 7.1（a）所示。使用缩放命令 Y 轴单轴向压缩圆柱体的高度，如图 7.1（b）所示。

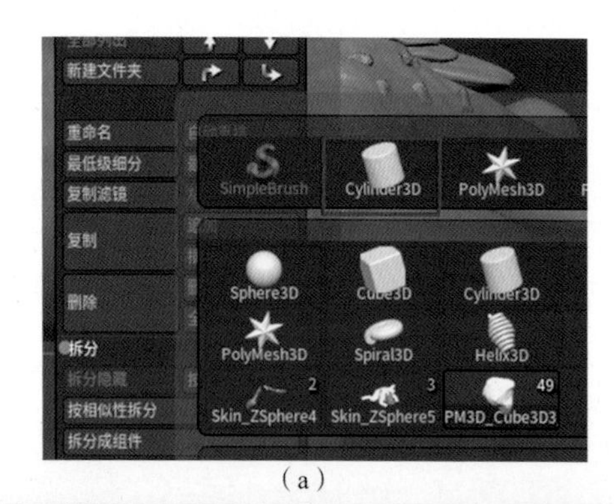

（a）

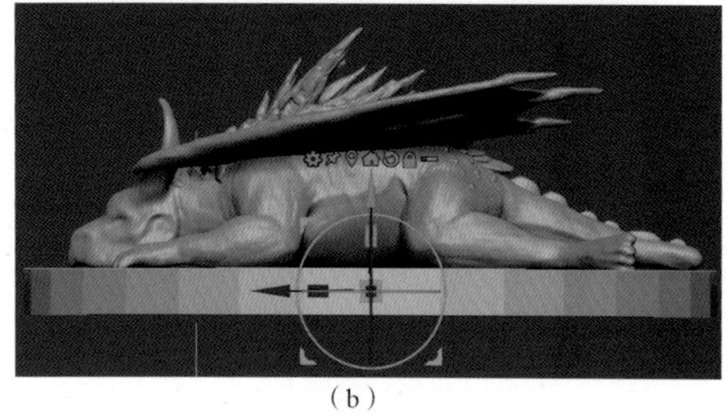

（b）

图 7.1　追加圆柱体并调整高度

②切换隐藏笔刷至套索模式，如图 7.2（a）所示。对圆柱体进行随机切割，如图 7.2（b）所示。

③接着使用 TrimDynamic 和 DamStandard 笔刷修饰岩石边缘锐利效果，如图 7.3 所示。

④在岩石平台表面使用 ClayBuildup 笔刷塑造凹凸起伏和随机效果，如图 7.4 所示。

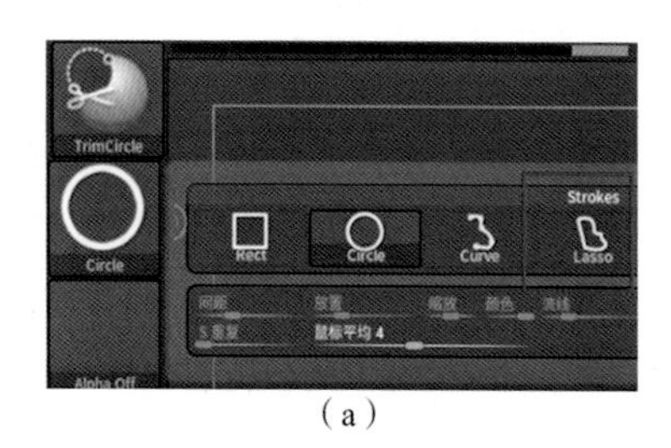

（a）

图 7.2　随机切割圆柱体

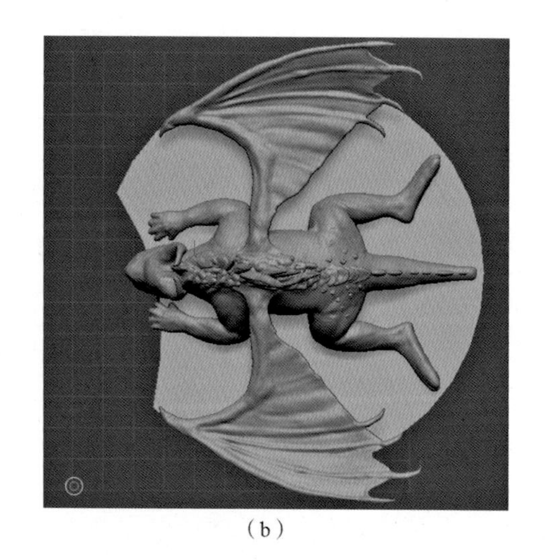

（b）

图 7.2　随机切割圆柱体（续）

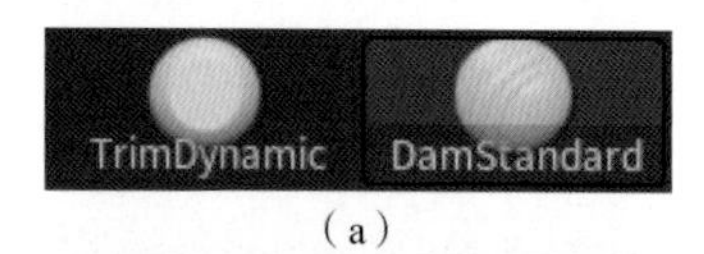

（a）

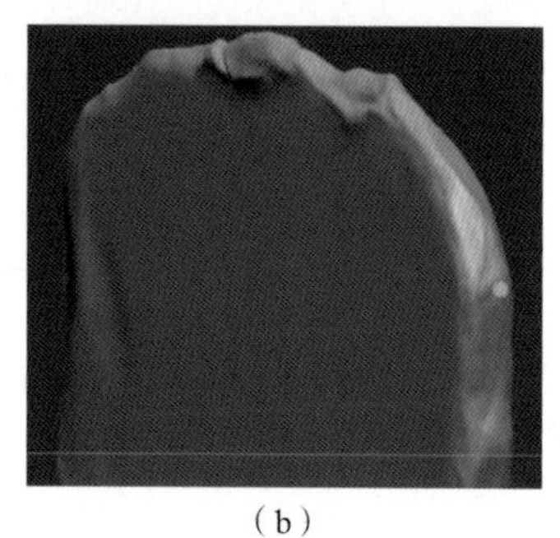

（b）

图 7.3　笔刷修饰锐利边缘效果

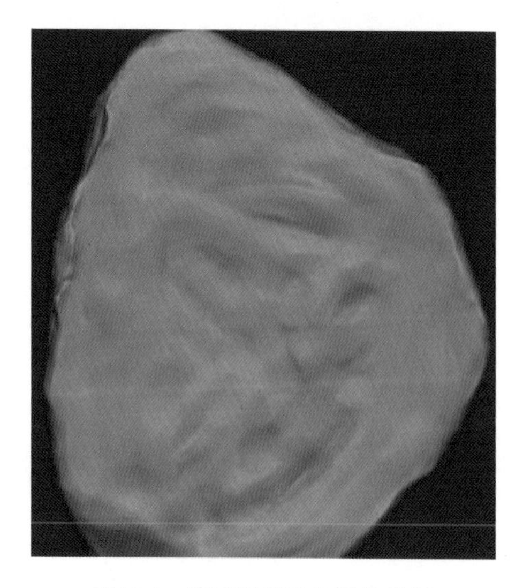

图 7.4　笔刷塑造平台凹凸效果

⑤最后复制雕刻好的平台，通过缩放、旋转调整姿态，放置在平台旁边作为点缀，如图 7.5 所示。

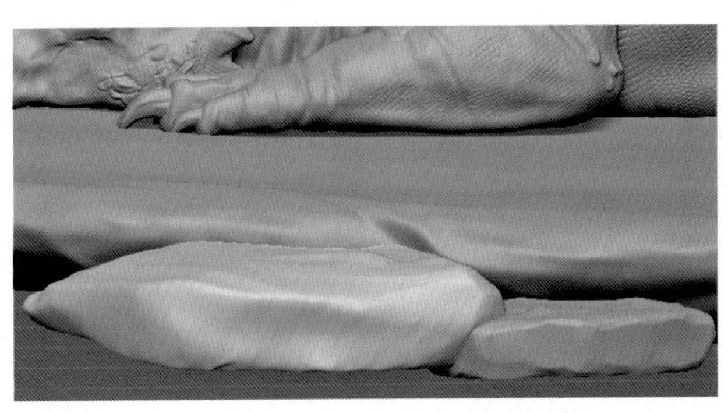

图 7.5 复制小石块作为点缀

※ 7.2 雕刻树木

整个场景中，树木衬托了很多的意境，所以树木要花大力气去呈现出来。借这个作品，也可以加强 ZS 球搭建、低面数的大型塑造、树木纹理的细节体现、级别的控制。

①追加一个 ZS 球，使用与搭建小老鼠和龙的大型一样的操作完成树大型的搭建，如图 7.6 所示。这里注意要多角度观察树的姿态，这是一棵表现力夸张的老树。

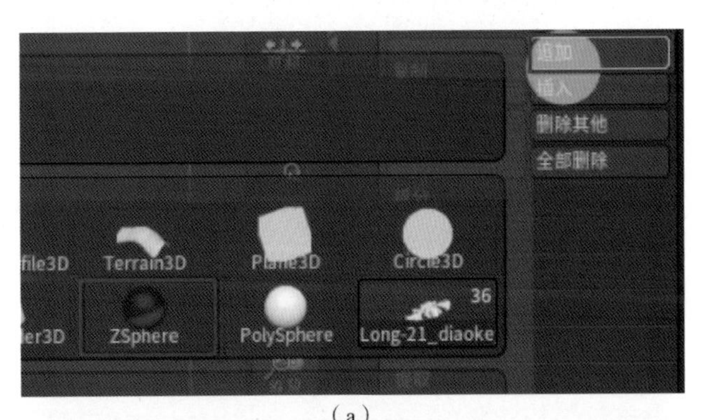

(a)

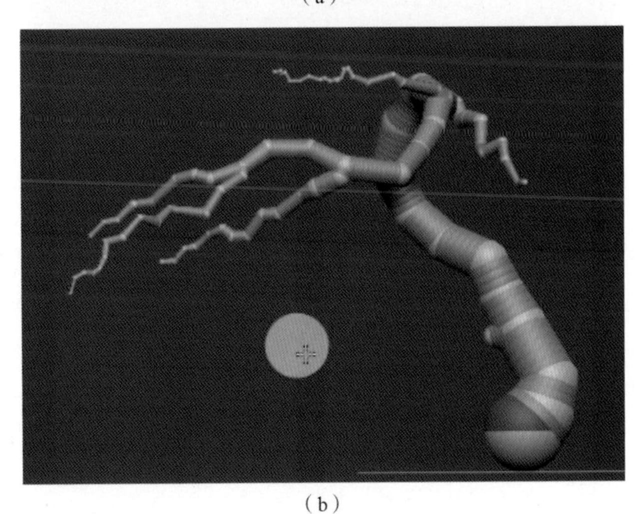

(b)

图 7.6 ZS 搭建树大型

②通过 A 键来预览效果。在确定后，单击“生成自适应蒙皮”按钮，如图 7.7（a）所示，并从“追加”中将蒙皮后的模型追加回来，如图 7.7（b）所示。

(a)

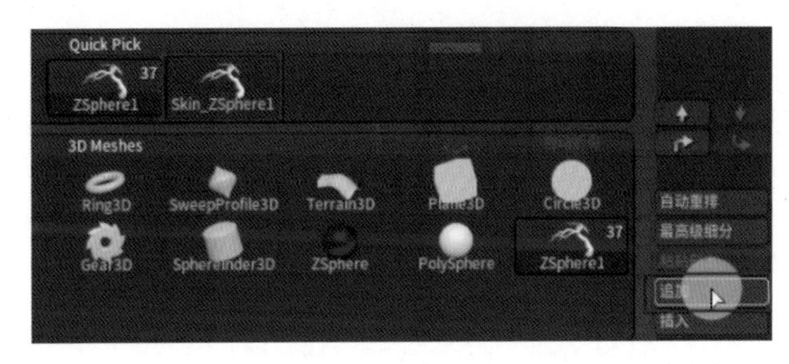

(b)

图 7.7 追加回蒙皮后的模型

③树木下有一块岩石托着树木，所以需要复制一块岩石，如图 7.8（a）所示。通过缩放、旋转、移动命令将岩石改变造型并摆至合适位置，如图 7.8（b）所示。最后使用 ClayBuildup 和 DamStandard 笔刷雕刻岩石表面纹理效果，如图 7.8（c）所示。

④雕刻之前，需要将树木的面数降下去，得到一个低面数的模型，如图 7.9（a）所示。然后使用 ClayBuildup 笔刷大致刷出树木纹理感，如图 7.9（b）所示。

⑤在“ZRemesher”重新布线后，有一些细的枝干会因为没有足够的面数支撑而导致形态变得更细，如图 7.10（a）所示，需要使用“充气”命令将其丰满起来。首先用 Mask 遮罩出需要充气的部分，如图 7.10（b）所示，然后用 Mask + 左键单击空白处反选遮罩，如图 7.10（c）所示。

⑥在右边的工具栏中选择“变形”，在下拉的菜单中选择“充气”，如图 7.11（a）所示。向右拖动参数，就可以对没有遮罩的部分进行“充气”，如图 7.11（b）所示。

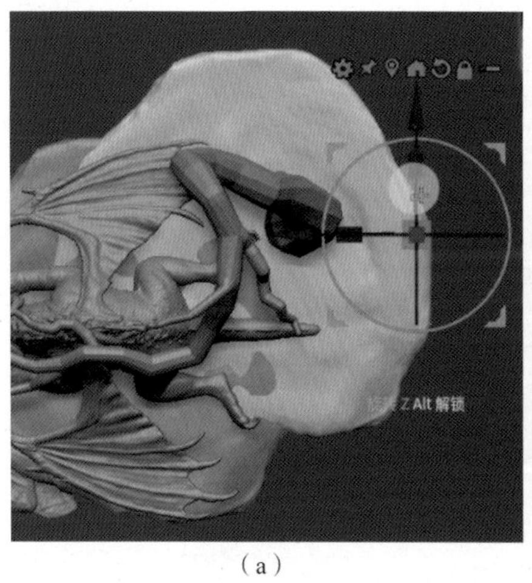

（a）

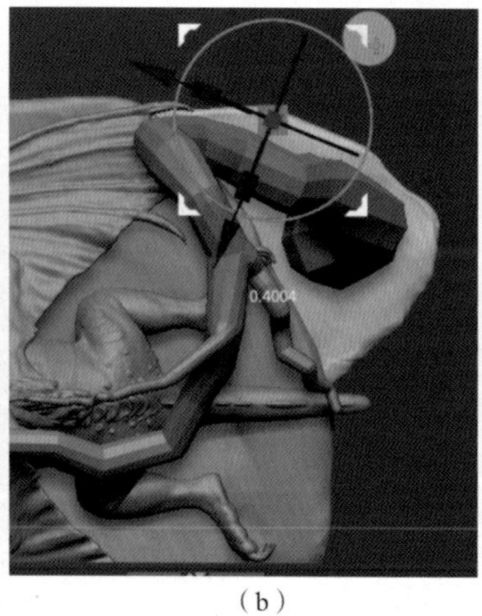

（b）

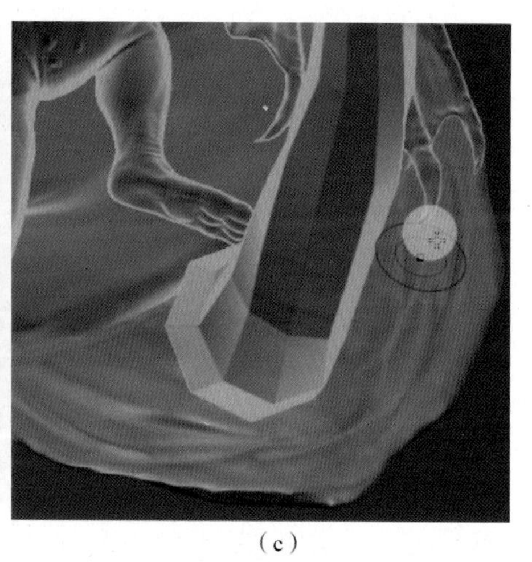

（c）

图 7.8　复制岩石进行摆放并雕刻

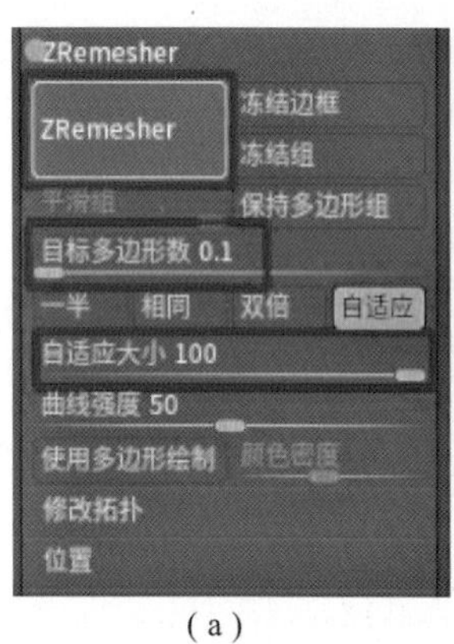

（a）

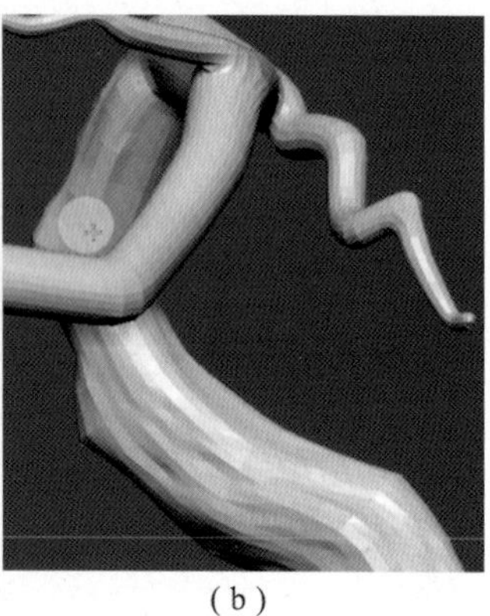

（b）

图 7.9　低面数塑造大致树木纹理

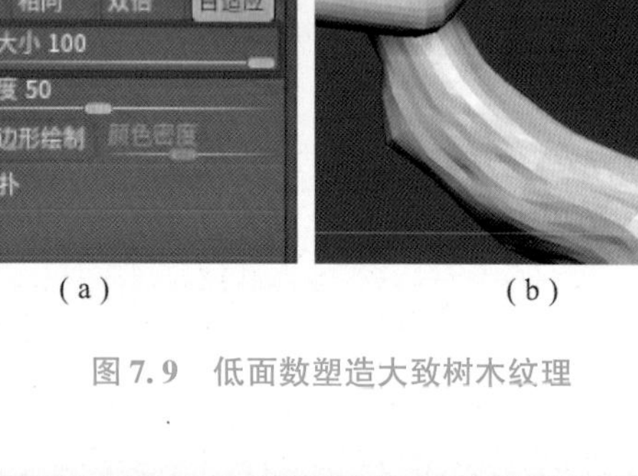

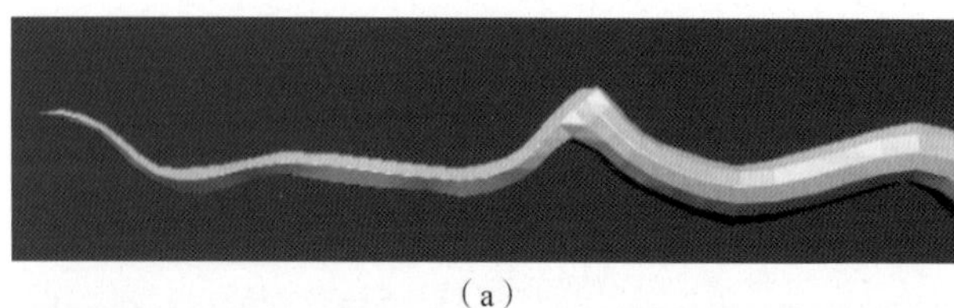

（a）

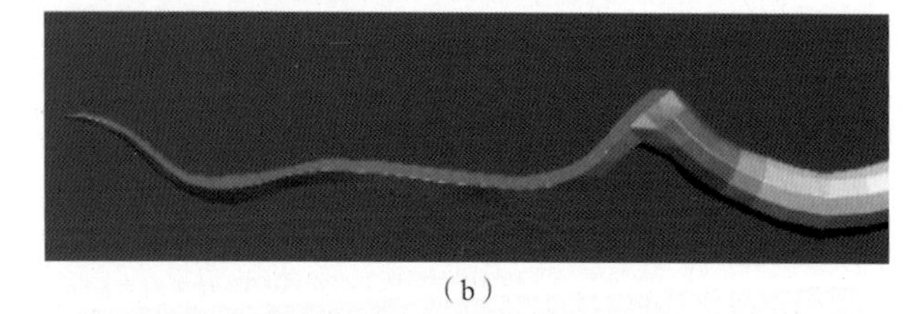

（b）

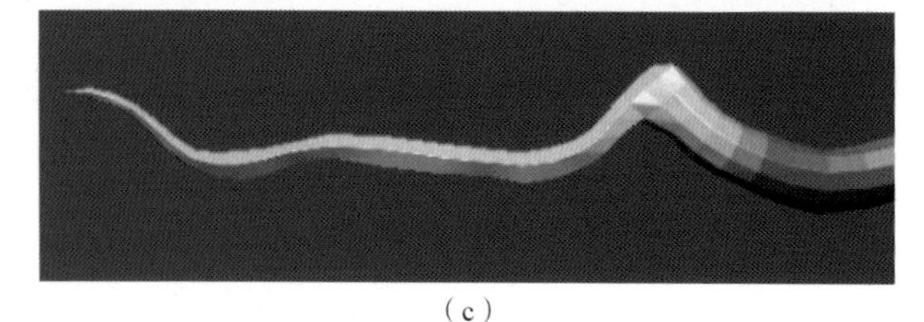

（c）

图 7.10　充气前的遮罩选择

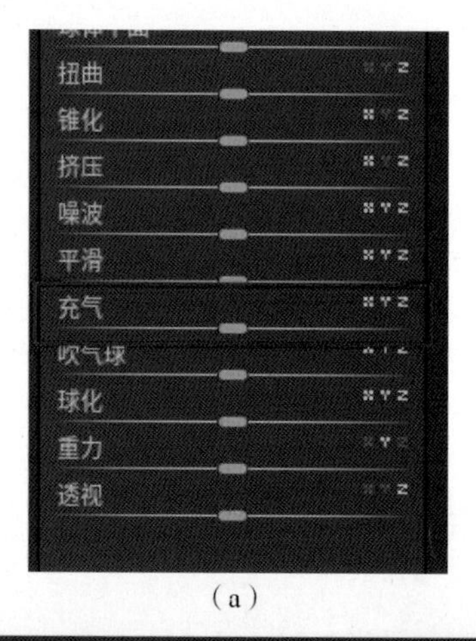

（a）

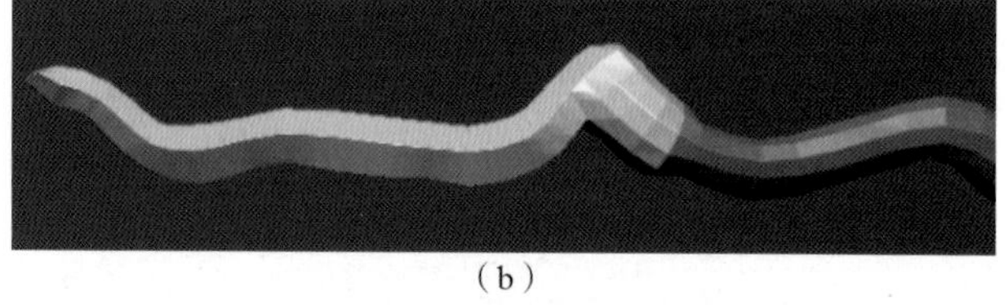

（b）

图 7.11　对模型进行充气

⑦使用 Move 笔刷改变细枝造型，然后使用 ClayBuildup 笔刷丰满枝干形态，如图 7.12 所示。

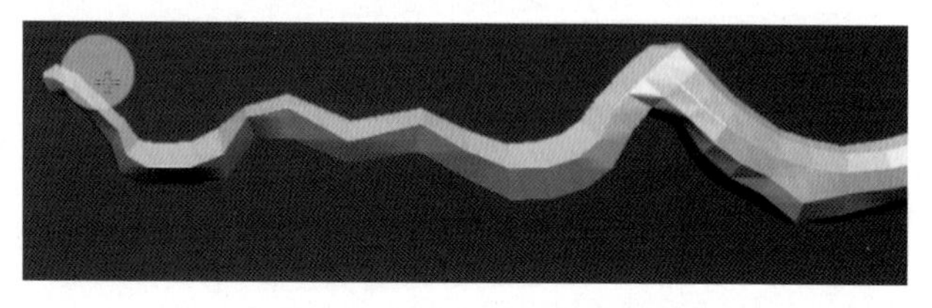

图 7.12　笔刷调整枝干造型

⑧因为树木造型复杂，要从多个角度观察树的姿态，不能过于生硬。所以，顶视图的枝干也要做调整。同样，使用 Mask 遮罩住需要调整的部分并反向，使用移动和旋转笔刷调整姿态，如图 7.13 所示。

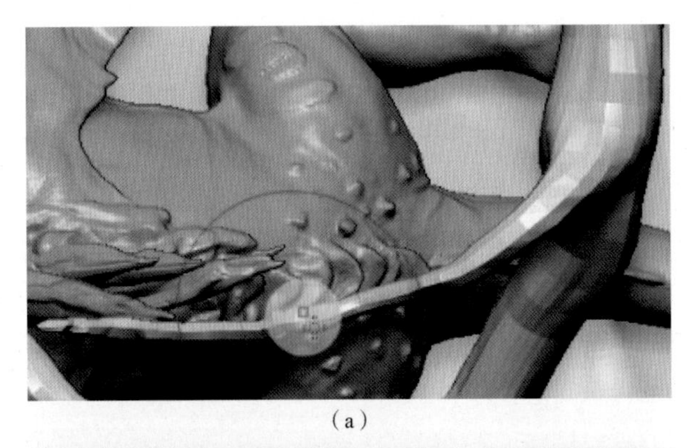

（a）

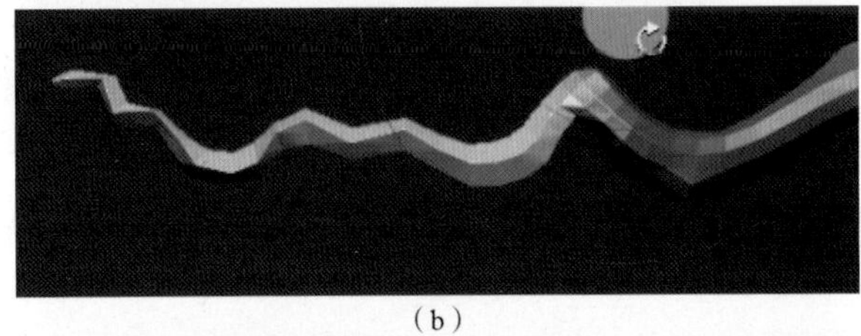

（b）

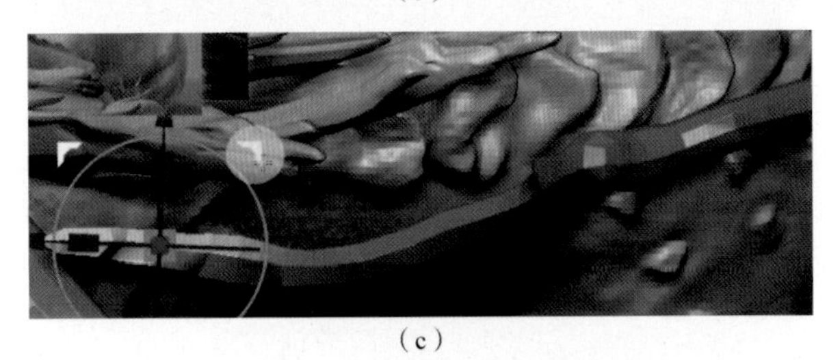

（c）

图 7.13 调整枝干顶视图姿态

⑨细分级别，继续使用 ClayBuildup 笔刷进行树木纹理塑造，在有了一定的面数后，对细枝部分也可以用面数来细化结构，如图 7.14 所示。

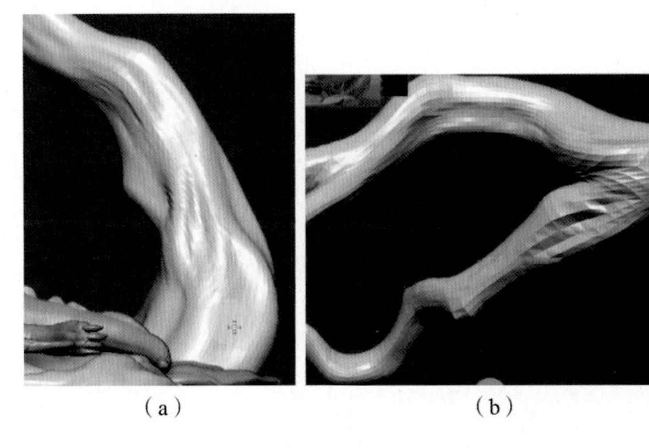

（a） （b）

图 7.14 继续细化树木纹理

⑩细分网格至 3 级，使用 DamStandard 笔刷刻出木头纹理，如图 7.15 所示。

⑪继续细分至 4 级，有足够面数对细枝细节进行刻画，如图 7.16 所示。

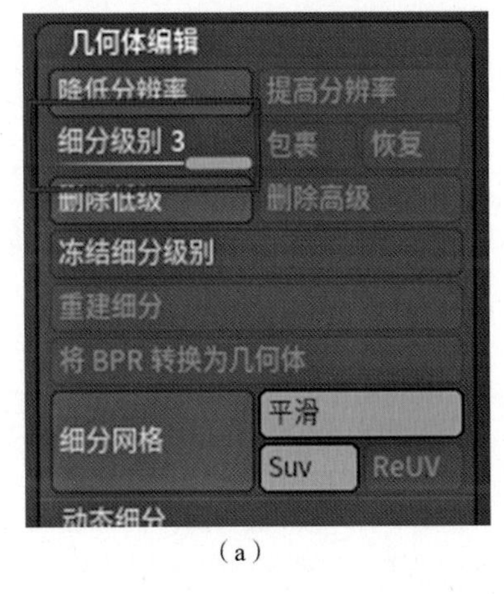

（a）

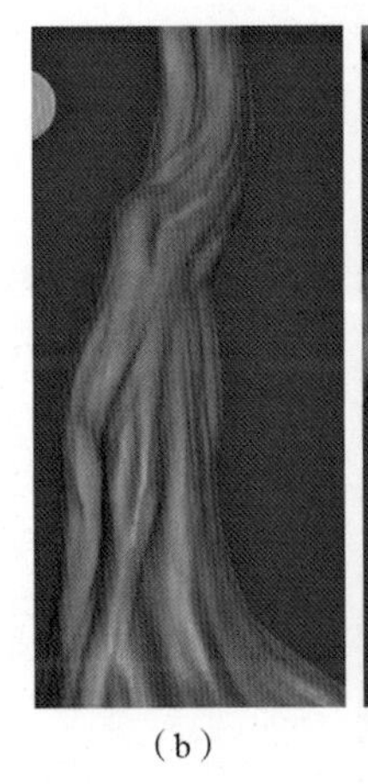

（b）

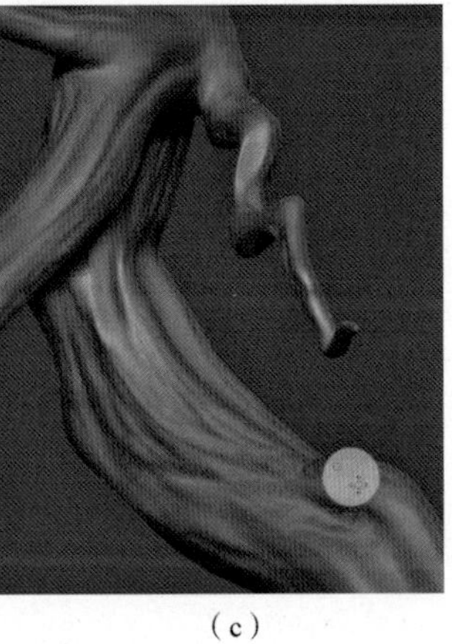

（c）

图 7.15 DamStandard 笔刷刻画细节

（a）

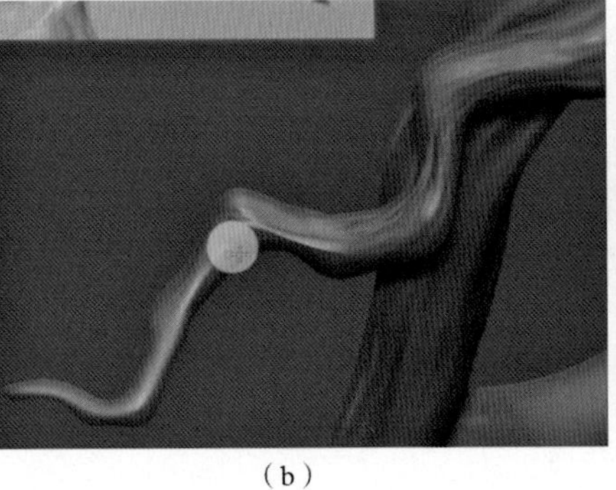

（b）

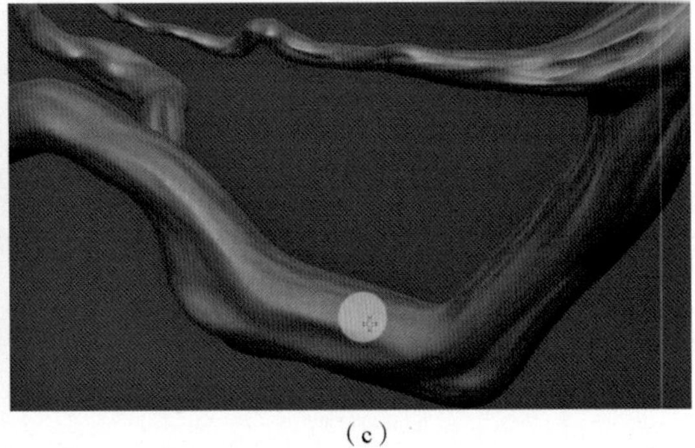

（c）

图 7.16 细分加级刻画细枝细节

⑫树上还有还没凋零的花瓣来衬托老树的氛围，这里采用提取的方式制作花瓣。需先追加一个球体，如图7.17（a）所示。在球体上使用 Mask 画出花瓣的形状，如图7.17（b）所示。然后使用“子工具”中的“提取”命令控制好厚度，将画好的 Mask 提取出来，如图7.17（c）（d）所示。

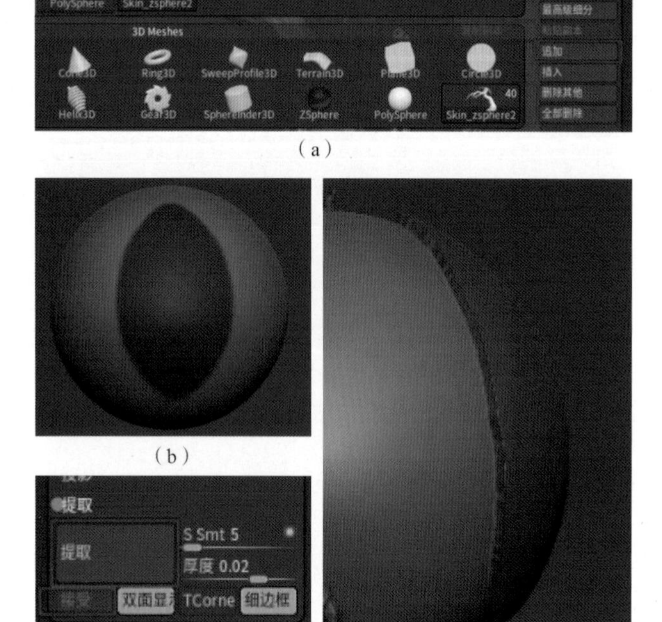

（a）
（b）
（c）（d）

图7.17　提取命令提取花瓣结构

⑬使用 Move 笔刷对单片花瓣进行姿态的调整，并通过复制和旋转、缩放、移动命令调整出整朵花的效果，最后复制到树的其他位置，如图7.18所示。

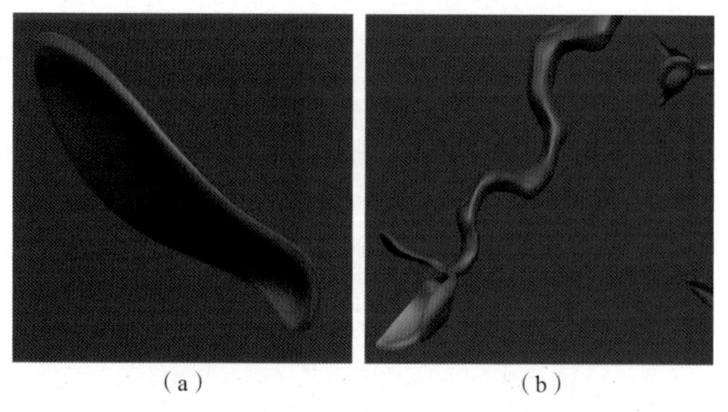
（a）（b）

图7.18　复制花瓣组合成树的其他花朵

※ 7.3　TPose 调整龙姿态

①首先多角度观察并对比作品及参考图，发现剪影有不对的地方，先在最低级别使用 Move 笔刷调整剪影形态。对比后，对背部、腹部、臀部、脚、手等都做调整，如图7.19所示。

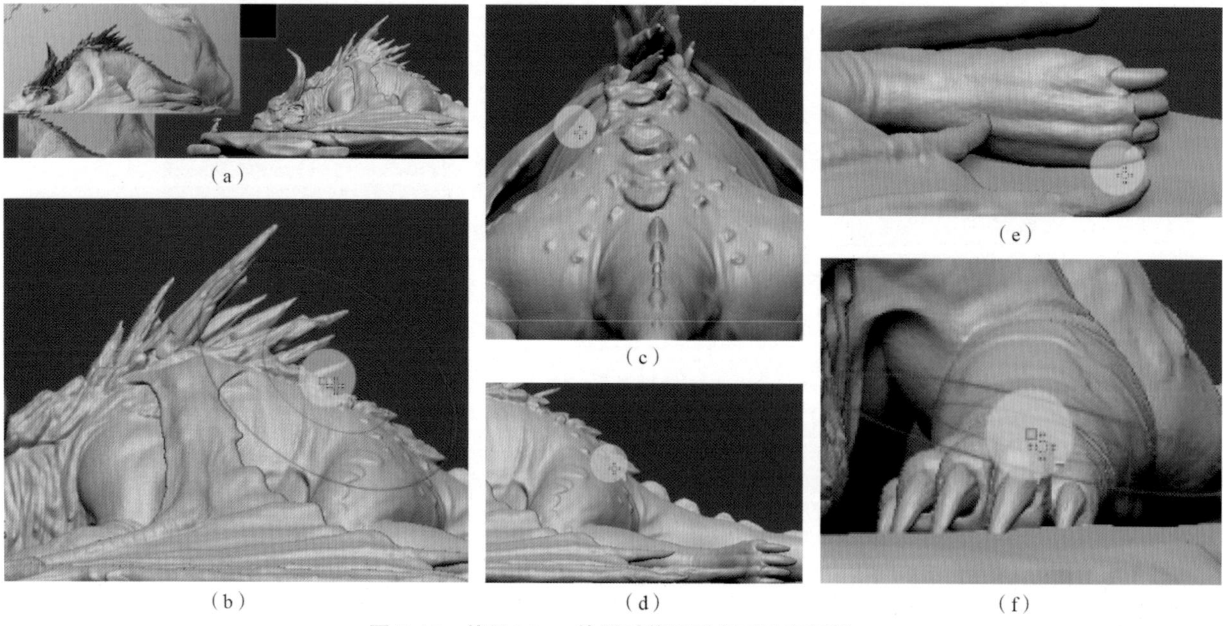
（a）（b）（c）（d）（e）（f）

图7.19　使用 Move 笔刷对剪影形态再进行调整

②使用 Move 笔刷对剪影进行调整后，要对大结构进行调整，使用 Move 不好调整，需要使用 Mask 遮罩工具配合旋转、移动命令进行调整。首先是翅膀，遮罩住翅膀并反选，使用移动、缩放工具调整翅膀姿势，如图7.20所示。

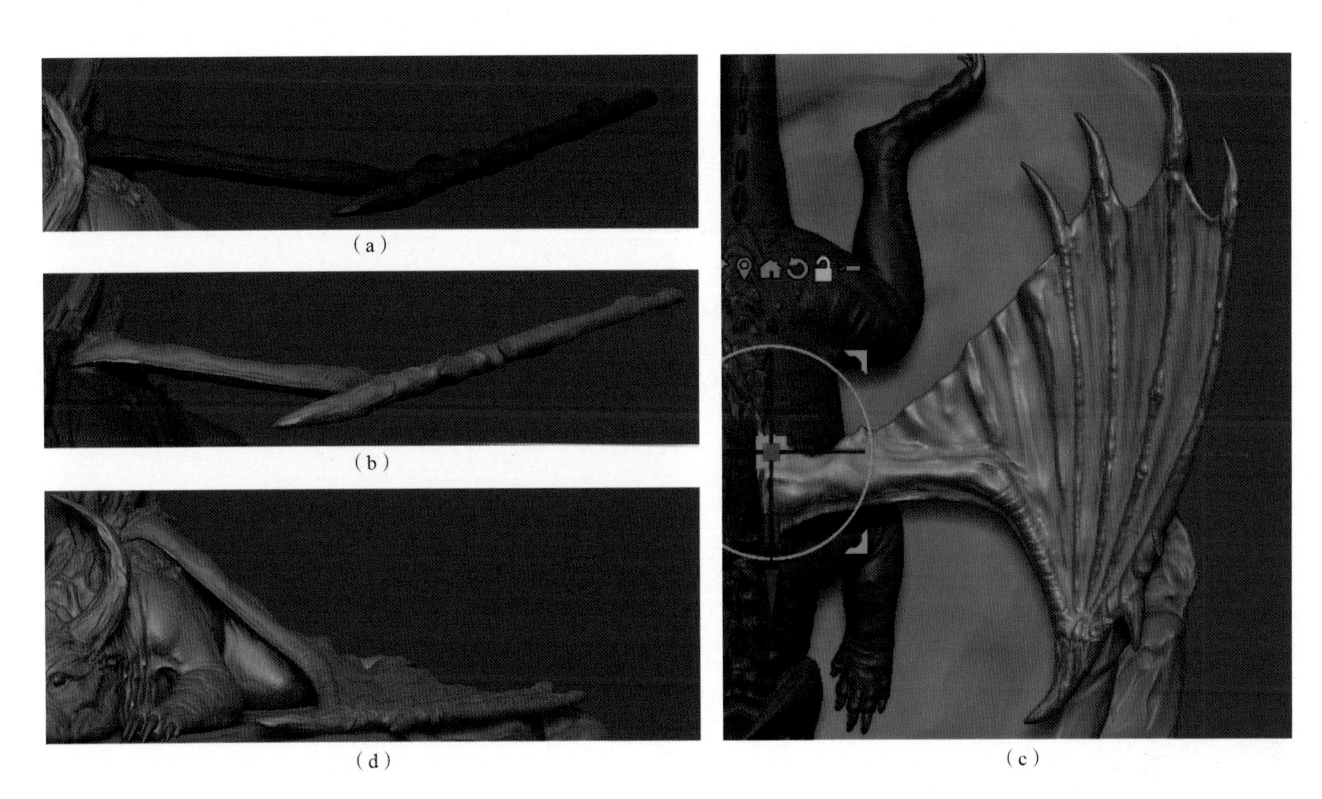

(a)

(b)

(d)

(c)

图 7.20 Mask 调整翅膀形态

③对于复杂的姿态，可以结合 Mask 和 Move 笔刷进行调整。例如尾巴的调整，需要先使用 Mask 配合移动、旋转工具完成大的结构调整，再使用 Move 笔刷微调，如图 7.21 所示。

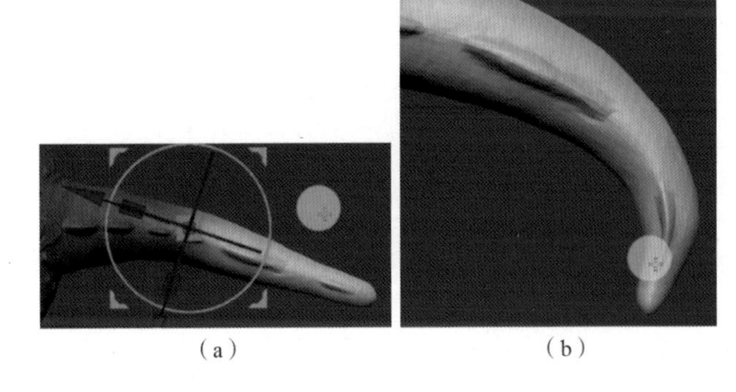

(a)　(b)

图 7.21 Mask 结合 Move 进行调整

第 8 章 作品构图输出

本章讲解使用 ZBrush 软件进行渲染并输出的方法。

学习目标

★ 掌握 ZBrush 软件渲染并输出作品的方法和步骤。
★ 选择出图的构图方式。

①首先输出的作品分辨率一定要高。单击“文档”，改变画布的分辨率，如图8.1（a）所示。选择合适的分辨率并单击“调整大小”，在弹出来的选项中进行选择，即可改变画布分辨率，如图8.1（b）所示。调整完画布后，模型会变成描边状的锯齿显示。

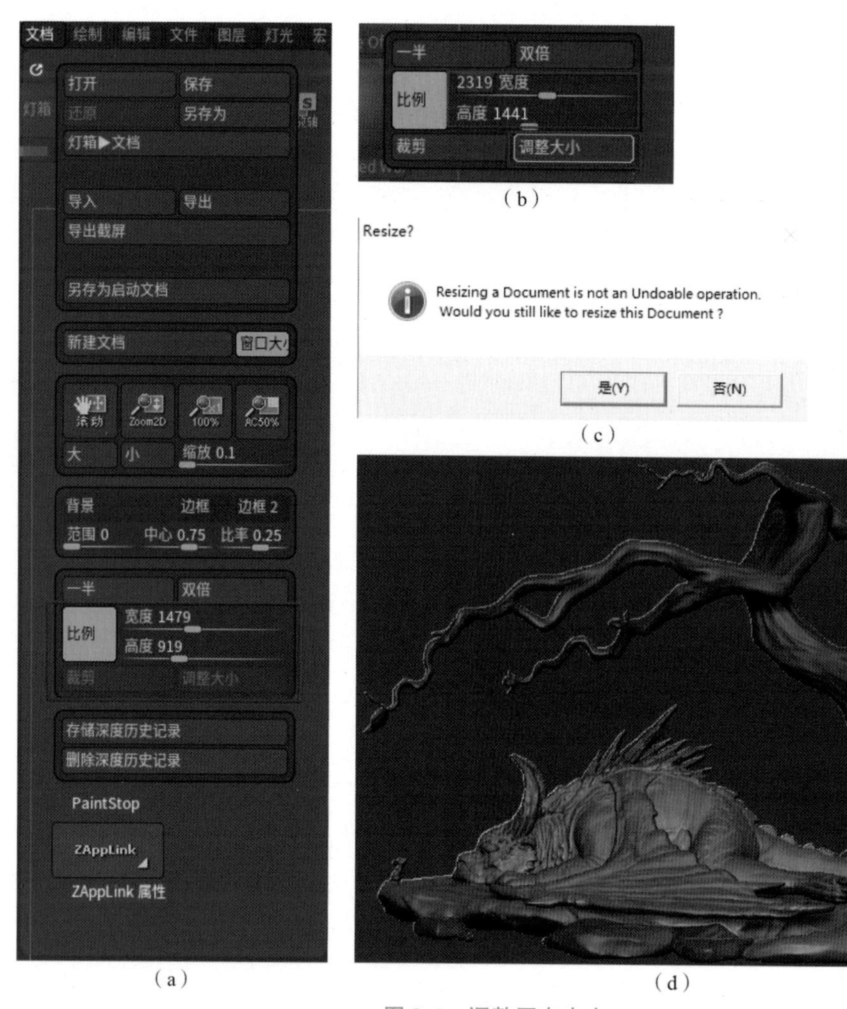

图8.1 调整画布大小

②这时需要使用快捷键Ctrl+N清空画布，重新拖拽一个新的物体，并单击“Edit”命令进入三维编辑模式，如图8.2所示。

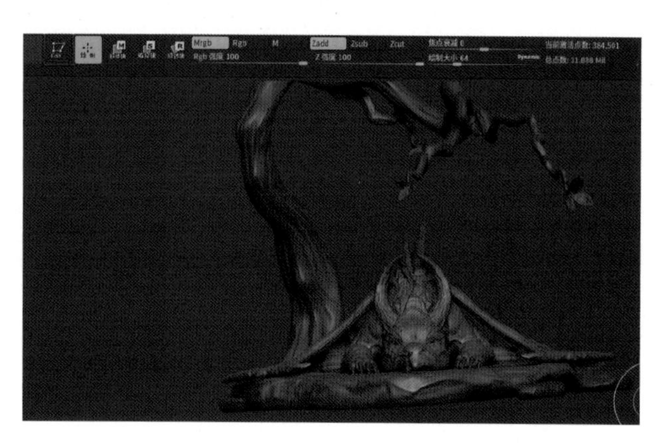

图8.2 进入三维编辑模式

③单击画布下方的材质球，在弹出来的材质球库中选择细节体现力好的材质球，如图8.3所示。

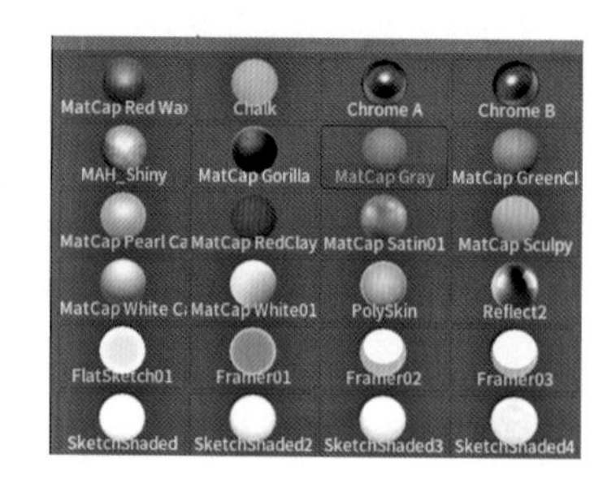

图8.3 选择材质球

④选择好材质球后，在渲染之前，先将画布完全显示出来。单击“文档”中的“Zoom2D”缩放画布至完全显示出来，如图8.4所示。

⑤调整作品构图，尽量撑满整个画布。视角可以调整至斜45°左右的俯视图，单击“文档”中的“导出”按钮，并选择导出格式为.JPG，输出作品，如图8.5所示。

（a）

（b）

图 8.4 调整画布

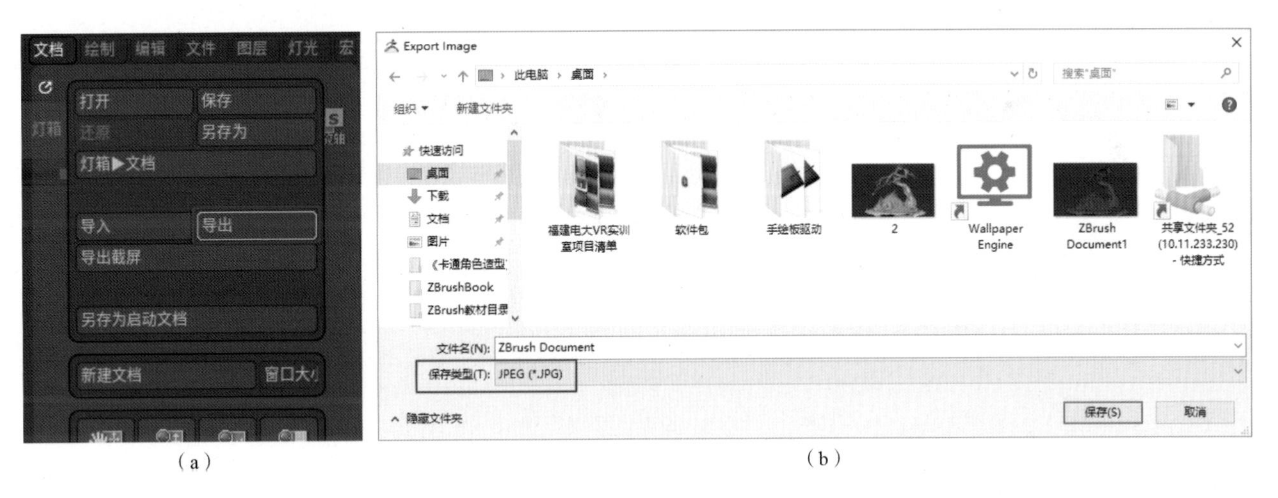

（a） （b）

图 8.5 选择路径并输出